T0259942

# Temperaturadaptive Prozessauslegung für das Laser-Pulver-Auftragschweißen

Dem Promotionsausschuss der
Technischen Universität Hamburg

zur Erlangung des akademischen Grades

Doktor-Ingenieur (Dr.-Ing.)

genehmigte Dissertation

von
Markus Heilemann

aus
Reinbek

2023

1. Gutachter:     Prof. Dr.-Ing. Claus Emmelmann

2. Gutachter:     Prof. Dr.-Ing. Wolfgang Hintze

Tag der mündlichen Prüfung: 05. Juli 2023

# Light Engineering für die Praxis

**Reihe herausgegeben von**

Claus Emmelmann, Hamburg, Deutschland

Technologie- und Wissenstransfer für die photonische Industrie ist der Inhalt dieser Buchreihe. Der Herausgeber leitet das Institut für Laser- und Anlagensystemtechnik an der Technischen Universität Hamburg. Die Inhalte eröffnen den Lesern in der Forschung und in Unternehmen die Möglichkeit, innovative Produkte und Prozesse zu erkennen und so ihre Wettbewerbsfähigkeit nachhaltig zu stärken. Die Kenntnisse dienen der Weiterbildung von Ingenieuren und Multiplikatoren für die Produktentwicklung sowie die Produktions- und Lasertechnik, sie beinhalten die Entwicklung lasergestützter Produktionstechnologien und der Qualitätssicherung von Laserprozessen und Anlagen sowie Anleitungen für Beratungs- und Ausbildungsdienstleistungen für die Industrie.

Markus Heilemann

# Temperaturadaptive Prozessauslegung für das Laser-Pulver-Auftragschweißen

Herausgegeben von Claus Emmelmann

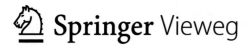 Springer Vieweg

Markus Heilemann (iD)
Technische Universität Hamburg (TUHH)
Hamburg, Deutschland

ISSN 2522-8447        ISSN 2522-8455  (electronic)
Light Engineering für die Praxis
ISBN 978-3-662-68206-7        ISBN 978-3-662-68207-4  (eBook)
https://doi.org/10.1007/978-3-662-68207-4

Die Deutsche Nationalbibliothek verzeichnet diese Publikation in der Deutschen Nationalbibliografie; detaillierte bibliografische Daten sind im Internet über http://dnb.d-nb.de abrufbar.

© Der/die Herausgeber bzw. der/die Autor(en), exklusiv lizenziert an Springer-Verlag GmbH, DE, ein Teil von Springer Nature 2023

Das Werk einschließlich aller seiner Teile ist urheberrechtlich geschützt. Jede Verwertung, die nicht ausdrücklich vom Urheberrechtsgesetz zugelassen ist, bedarf der vorherigen Zustimmung des Verlags. Das gilt insbesondere für Vervielfältigungen, Bearbeitungen, Übersetzungen, Mikroverfilmungen und die Einspeicherung und Verarbeitung in elektronischen Systemen.
Die Wiedergabe von allgemein beschreibenden Bezeichnungen, Marken, Unternehmensnamen etc. in diesem Werk bedeutet nicht, dass diese frei durch jedermann benutzt werden dürfen. Die Berechtigung zur Benutzung unterliegt, auch ohne gesonderten Hinweis hierzu, den Regeln des Markenrechts. Die Rechte des jeweiligen Zeicheninhabers sind zu beachten.
Der Verlag, die Autoren und die Herausgeber gehen davon aus, dass die Angaben und Informationen in diesem Werk zum Zeitpunkt der Veröffentlichung vollständig und korrekt sind. Weder der Verlag noch die Autoren oder die Herausgeber übernehmen, ausdrücklich oder implizit, Gewähr für den Inhalt des Werkes, etwaige Fehler oder Äußerungen. Der Verlag bleibt im Hinblick auf geografische Zuordnungen und Gebietsbezeichnungen in veröffentlichten Karten und Institutionsadressen neutral.

Planung/Lektorat: Alexander Grün
Springer Vieweg ist ein Imprint der eingetragenen Gesellschaft Springer-Verlag GmbH, DE und ist ein Teil von Springer Nature.
Die Anschrift der Gesellschaft ist: Heidelberger Platz 3, 14197 Berlin, Germany

Das Papier dieses Produkts ist recyclebar.

# Kurzfassung

Das Laser-Pulver-Auftragschweißen (LPA) stellt ein etabliertes Verfahren in der Beschichtungs- und Reparaturtechnik dar. Durch den fokussierten Energieeintrag und lokalen Materialauftrag sind mit diesem Verfahren viele metallische Werkstoffe verarbeitbar. Hierdurch findet das Verfahren bereits in unterschiedlichen Branchen Anwendung und wird seit einigen Jahren auch zunehmend für den 3D-Druck qualifiziert.

In der Anwendung lassen sich starke Abhängigkeiten zwischen der Bauteilgeometrie und dem Prozess beobachten, sodass nach heutigem Stand keine einheitliche Aufbaustrategie für beliebige Bauteile angewendet werden kann. Eine maßgebliche Rolle nimmt hierbei das Thermomanagement im Prozess ein. Durch signifikante Unterschiede der thermischen Randbedingungen im Prozess und zwischen den Bauteilgeometrien wird oftmals eine variierende Prozessstabilität und damit auch Bauteilqualität beobachtet. Es ist somit stets eine iterative, meist experimentelle Prozessoptimierung notwendig. Diese erfordert Expertenwissen und geht mit hohen Ressourcenkosten sowie langen Entwicklungszeiten einher. Folglich ist eine breite Industrialisierung dieses Verfahrens speziell für den 3D-Druck nach wie vor eingeschränkt.

Um diesem Defizit entgegenzuwirken, wird in der vorliegenden Arbeit eine temperaturadaptive Prozessauslegung vorgestellt. Auf Grundlage von empirisch ermittelten Daten und einer thermischen Simulation soll eine automatisierte Generierung einer angepassten Prozessstrategie für beliebige Bauteile ermöglicht werden.

In den Untersuchungen dieser Arbeit werden zwei unterschiedliche Materialien betrachtet. Für den Verschleiß- und Korrosionsschutz werden in den Beschichtungsanwendungen vielfach Nickelbasislegierungen eingesetzt, während für den 3D-Druck ein wesentlicher Fokus in der Luftfahrtindustrie auf Titanlegierungen liegt. Um diese unterschiedlichen Anwendungen zu adressieren, werden die Legierungen mit den Werkstoffnummern 2.4856 (*Inconel 625*) stellvertretend für Beschichtungsanwendungen und 3.7164 (*Titan grade 5*) stellvertretend für 3D-Druck-Anwendungen verwendet.

Im ersten Schritt dieser Arbeit werden die Zielgrößen beim LPA näher analysiert und potenzielle Zielkonflikte zwischen diesen anhand der Literatur herausgearbeitet. Mit dem Fokus auf die Haupteinflussfaktoren der Prozessstabilität wird die Korrelation der Einzelspurausprägung und der Materialeigenschaften zu den instationären thermischen Randbedingungen experimentell ermittelt. Als Ergebnis davon wird gezeigt, dass unter anderem die Einzelspur aus Titan auf einer Bauteiloberfläche zwischen 25 °C und 500 °C um 17,3 % an Breite zunimmt und dabei um 15,0 % an Höhe abnimmt. In Bezug auf 70 mm hohe Wandstrukturen wird darüber hinaus gezeigt, dass die Standardabweichung der Wandbreite durch temperaturabhängige Leistungs- und Geschwindigkeitsverläufe um 49,9 % reduziert werden kann. Diese temperaturabhängigen Geometriegrößen und Prozessparameter dienen als Grundlage für die adaptive Prozessauslegung.

Da die auftretenden Temperaturen maßgeblich von der zu erzeugenden Bauteilgeometrie abhängen, wird ein thermisches Simulationsmodell entwickelt, das für beliebige dreidimensionale Strukturen orts- und zeitabhängig das zu erwartende Temperaturfeld berechnet. Die Modellierung erfolgt dabei auf Makro-Ebene und berücksichtigt nur die thermischen Randbedingungen des Prozesses, um eine effiziente Rechenzeit für Realbauteile zu ermöglichen. In der Literatur wird hierbei die Implementierung der durch die Gasströme erzeugten erzwungenen Konvektion oftmals vernachlässigt. Das entwickelte Modell zeigt jedoch, dass unter Berücksichtigung dieser Strömungen die Vorhersage der Temperatur auf Makro-Ebene signifikant optimiert werden kann. Zwischen dem Simulationsergebnis und den gemessenen Temperaturen im Prozess kann mit diesem Modell eine Restdifferenz von 2,8 % erreicht werden.

Abschließend wird das Potenzial dieser Methodik und der entwickelten Optimierungswerkzeuge für die Prozessauslegung beim LPA anhand von zwei geometrisch unterschiedlichen Grundkörpern aufgezeigt. Während diese Geometrien mit einer regulären Prozessstrategie aufgrund von Unstetigkeiten über die Aufbauhöhe nicht realisierbar sind, liefert die temperaturadaptive Prozessauslegung ohne experimentelle Iterationsschleifen eine hohe Prozessstabilität sowie eine gute Bauteilqualität. Der Abgleich zwischen der Soll-Geometrie und Ist-Aufbauhöhe zeigt, dass lediglich eine Abweichung von 2,7 % für den einen und von 1,7 % für den anderen Körper ohne eine Nachkorrektur während des Prozesses erreicht wird.

Die Ergebnisse dieser Arbeit vermitteln ein tiefgehendes Verständnis der thermischen Prozessphänomene beim Auftragschweißen. Weiterhin ermöglichen die entwickelten Werkzeuge, zukünftig Zeit und Kosten in der Anwendungsentwicklung beim LPA einzusparen, was eine breitere Industrialisierung dieses Prozesses erlaubt.

# Abstract

Laser metal deposition (LMD) is an established technology for coating and repair applications. Due to the focused energy input and local material deposition, many metallic materials can be processed with this technology. As a result, the process is commonly used in various industries and has also been increasingly considered for 3D printing applications for several years now.

During the process, strong dependencies between the part geometry and the process itself can be observed. As a result, there is no uniform deposition strategy available, according to the current status, that can be applied for any components. Thermal management in the process plays a key role here. Due to significant differences in the thermal boundary conditions during the process and between individual part geometries, a varying process stability and thus component quality is often observed. To address these challenges, an iterative, mostly experimental, process optimization is necessary. This requires expert knowledge and is associated with high resource costs and long development times. Consequently, a broad industrialization of this process, especially for 3D printing, is still limited.

To solve this deficit, a temperature-adaptive process design is presented in this dissertation. Based on empirically determined data and a thermal simulation, an automated generation of an adapted process strategy for individual components should be made possible.

For the analysis of this thesis, two different materials are considered. Nickel-based alloys are often used for wear and corrosion protection in coating applications, while for 3D printing a major focus is on titanium alloys, especially in the aerospace industry. To address these different applications, the alloys with the material numbers 2.4856 (*Inconel 625*) representative for coating applications and 3.7164 (*Titanium grade 5*) representative for 3D printing applications are considered.

In the first step of this work, the LMD process characteristics are analyzed in more detail and potential conflicts between their influencing factors are identified based on the literature. Focusing on the main factors influencing the process stability, the correlation of the single track formation and the material properties to the transient thermal boundary conditions is experimentally determined. As a result, it is shown that, among other things, the titanium single track formation on a substrate surface between 25 °C and 500 °C increases by 17.3 % in width and decreases by 15.0 % in height. With respect to 70 mm high wall structures, it is further shown that the standard deviation of the wall width can be reduced by 49.9 % by temperature-dependent laser power and velocity functions. These temperature-dependent geometry variables and process parameters serve as the basis for an adaptive process design.

Since the temperatures that occur depend to a large extent on the part geometry, a thermal simulation model is being developed which calculates the expected temperature field for any three-dimensional structures as a function of location and time. The modeling is done on a macro scale and considers only the thermal boundary conditions of the process in order to allow an efficient computation time for real components. In the literature, the implementation of the forced convection generated by the gas flows is often neglected. However, the developed model shows that by taking these gas streams into account, the prediction of the temperature on a macro scale can be significantly optimized. A residual difference of 2.8 % can be achieved between the simulation result and the measured temperatures during the process.

Finally, the potential of this methodology and the developed optimization tools for an adaptive LMD process design is demonstrated on two different geometries. While these parts cannot be realized with a regular process strategy due to discontinuities over the build height, the temperature-adaptive process design provides a high process stability as well as a good part quality without any experimental iterations. The comparison between the nominal geometry and the actual deposition height shows that only a deviation of 2.7 % for one part and 1.7 % for the other is achieved without any in-process correction.

The results of this work provide an in-depth understanding of the thermal process phenomena during deposition welding. Furthermore, the developed tools will save time and costs in the application development of LMD parts in the future, allowing a wider industrialization of this process.

# Vorwort

Die vorliegende Arbeit ist während meiner Zeit als wissenschaftlicher Mitarbeiter am Institut für Laser- und Anlagensystemtechnik der Technischen Universität Hamburg sowie der Fraunhofer-Einrichtung für Additive Produktionstechnologien IAPT entstanden.

In erster Linie bedanke ich mich bei meinem Doktorvater, Herrn Prof. Dr.-Ing. Claus Emmelmann, sowie meinem Zweitprüfer, Herrn Prof. Dr.-Ing. Hintze, für die Ermöglichung dieser Arbeit und den angenehmen Austausch während der Bearbeitungszeit. Herrn Prof. Dr.-Ing. Bodo Fiedler danke ich für die Übernahme des Vorsitzes des Prüfungsausschusses.

Ich danke meinen Kollegen, die gemeinsam mit mir das Doktorandenseminar in unserer Abteilung eingeführt haben, in dem wir angeregt über die vermeintlich wichtigsten Fragestellungen rund um eine Doktorarbeit diskutiert haben.

Weiterhin bedanke ich mich auch bei den Studenten, die bei mir ihre Abschlussarbeiten zu diesem Thema geschrieben haben. Speziell hervorheben möchte ich dabei Lorenz Beulting und Erik Fleming für ihre sehr engagierte Arbeit.

Dem Betreuer meiner Masterarbeit und späteren Kollegen, Mauritz Möller, möchte ich dafür danken, dass er bei mir bereits als Student mein Interesse am Auftragschweißen entfacht hat. Ohne diesen Initialfunken würde es die vorliegende Doktorarbeit vermutlich nicht geben.

Die am Institut verbrachten Wochenenden im Rahmen dieser Arbeit haben mir Georg Cerwenka und Malte Buhr erleichtert. Ich bedanke mich für die fachlichen und philosophischen Diskussionsrunden an unseren vermeintlich freien Tagen.

Darüber hinaus hat mich besonders die enge Zusammenarbeit mit meinem Kollegen Vishnuu Jothi Prakash gefreut. Die Schnittstelle zu dem von ihm entwickelten Slicing-Tool hat mir die finale Validierung meiner Ergebnisse ermöglicht. Danke für die vielen fachlichen Diskussionen und den Erfahrungsaustausch zum Thema Datenvorbereitung beim LPA.

Ein ganz besonderer Dank gilt jedoch meiner zukünftigen Frau Anita Mou, die unermüdlich meine Texte gelesen und Kommafehler korrigiert hat. Der Ansporn „Dranbleiben! Dann können wir endlich unsere Hochzeit planen!" hat die letzte Phase meiner Arbeit nochmals beschleunigt. Ebenso danke ich meiner Familie für die Unterstützung, den Rückhalt und das gute Zureden über die letzten sechs Jahre.

Hamburg, im August 2023                                            Markus Heilemann

# Inhaltsverzeichnis

# Abkürzungsverzeichnis

| Abkürzung | Bedeutung |
|---|---|
| 3D | Dreidimensional |
| AM | Additive Manufacturing |
| CAD | Computer Aided Design |
| CAM | Computer Aided Manufacturing |
| CFD | Computational Fluid Dynamics |
| $CO_2$ | Kohlenstoffdioxid |
| DED | Directed Energy Deposition |
| DIN | Deutsches Institut für Normung |
| DoE | Design of Experiments |
| EBSD | Elektronenrückstreubeugung |
| EDX | Röntgenspektroskopie |
| EMO | Evolutionary multi-objective optimization algorithm |
| Fa. | Firma |
| FOP | Fokusoptikposition |
| FEM | Finite-Elemente-Methode |
| hdP | Hexagonal dichteste Packung |
| HA | High Accuracy |
| HV | Härte nach Vickersprüfmethode |
| krz | Kubisch raumzentriert |
| KMM | Koordinatenmessmaschine |
| KRL | KUKA Robot Language |
| Laser | Light Amplification by Stimulated Emission of Radiation |
| LIN | Linear |
| LPA | Laser-Pulver-Auftragschweißen |
| ML | Maschinelles Lernen |
| NSGA | Non-dominated Sorting Genetic Algorithm |
| PID | Proportional-Integral-Differential |
| PTP | Point-To-Point |
| REM | Rasterelektronenmikroskop |
| RT | Raumtemperatur |
| STEP | Standard for the Exchange of Product model data |
| STL | Standard Triangulation Language |
| TCP | Tool-Center-Point |
| VDI | Verein Deutscher Ingenieure |
| Yb:YAG | Ytterbium-dotierter Yttrium-Aluminium-Granat |

# Nomenklatur

| Symbol | Einheit | Bedeutung |
|---|---|---|
| $\alpha$ | $W/m^2K$ | Wärmeübergangskoeffizient |
| $\alpha_l$ | $10^{-6}/K$ | Wärmeausdehnungskoeffizient |
| $\beta$ | ° | Gradmaß |
| $\beta_K$ | ° | Kontaktwinkel an Einzelspur |
| $\delta$ | % | Überlappungsgrad |
| $\delta_{opt}$ | % | Optimierter Überlappungsgrad |
| $\delta_{n,ad}$ | % | Adaptierter Überlappungsgrad an n-te Einzelspur |
| $\Delta b$ | mm/°C | Temperaturabhängige Änderung der Breite |
| $\Delta h$ | mm/°C | Temperaturabhängige Änderung der Höhe |
| $\varepsilon$ | – | Emissionsgrad |
| $\eta_{Pulver}$ | % | Pulverausnutzungsgrad |
| $\theta$ | – | Variable |
| $\lambda$ | $W/m\,K$ | Wärmeleitfähigkeit |
| $\rho$ | $g/cm^3$ | Dichte |
| $\sigma$ | mm | Standardabweichung |
| $\sigma_S$ | $W/m^2K^4$ | Stefan-Boltzmann-Konstante |
| $\phi$ | – | Variable |
| $\Phi$ | – | Aspektverhältnis |
| $\Psi$ | – | Aufmischungsgrad |
|  |  |  |
| $a_{DS}$ | mm | Bearbeitungsabstand Düse zum Substrat |
| $A$ | $mm^2$ | Fläche |
| $A_B$ | % | Bruchdehnung |
| $A_{ES}$ | $mm^2$ | Fläche des Auftragmaterials einer Einzelspur |
| $A_L$ | $mm^2$ | Fläche Laserstrahlquerschnitt |
| $A_{SB}$ | $mm^2$ | Fläche des Schmelzbades einer Einzelspur |
| $b$ | mm | Breite |
| $b_{ad}$ | mm | Angepasste Breite |
| $b_{ES}$ | mm | Breite einer auftraggeschweißten Einzelspur |
| $b_{In625}$ | mm | Breite beim Werkstoff In625 |
| $b_{opt}$ | mm | Optimierte Breite |
| $b_{RT}$ | mm | Breite bei Raumtemperatur |
| $b_{Ti64}$ | mm | Breite beim Werkstoff Ti-6Al-4V |
| $c_p$ | $J/kg\,K$ | Spezifische Wärmekapazität |
| $C$ | J/K | Wärmekapazität |
| $d_L$ | mm | Durchmesser Laserstrahl |

| $E$ | GPa | Elastizitätsmodul |
|---|---|---|
| $E_{kin}$ | J | Kinetische Energie |
| $E_S$ | J/m | Streckenenergie |
| $h$ | mm | Höhe |
| $h_{ad}$ | mm | Angepasste Höhe |
| $h_{ES}$ | mm | Höhe einer auftraggeschweißten Einzelspur |
| $h_{In625}$ | mm | Höhe beim Werkstoff In625 |
| $h_{opt}$ | mm | Optimierte Höhe |
| $h_{RT}$ | mm | Höhe bei Raumtemperatur |
| $h_{SB}$ | mm | Schmelzbadtiefe |
| $h_{Ti64}$ | mm | Höhe beim Werkstoff Ti-6Al-4V |
| $I$ | W/mm$^2$ | Intensität |
| $K_1$ | – | Stauchungsfaktor einer Funktion |
| $K_2$ | – | Verschiebungsfaktor einer Funktion |
| $l$ | mm | Länge |
| $m$ | g | Masse |
| $\dot{m}_{Pulver}$ | g/min | Pulvermassenstrom |
| $M_S$ | g/m | Streckenmasse |
| $\dot{M}$ | cm$^3$/h | Auftragrate |
| $\dot{M}_{real}$ | cm$^3$/h | Auftragrate unter Berücksichtigung des gesamten Prozesses |
| $\dot{M}_{theo}$ | cm$^3$/h | Auftragrate aus Massenstrom verringert um den Pulverwirkungsgrad |
| $n$ | – | Lagenzahl |
| $P$ | W | Leistung |
| $P_L$ | W | Laserleistung |
| $\dot{q}$ | W/m$^2$ | Wärmestromdichte |
| $Q$ | J | Wärmeenergie |
| $\dot{Q}$ | W | Wärmestrom |
| $\dot{Q}_{abs}$ | W | Wärmestrom Absorption |
| $\dot{Q}_{in}$ | W | Wärmestrom Eintrag |
| $\dot{Q}_{kin,part}$ | W | Wärmestrom kinetische Energie Pulverpartikel |
| $\dot{Q}_{kond}$ | W | Wärmestrom Konduktion |
| $\dot{Q}_{konv}$ | W | Wärmestrom Konvektion |
| $\dot{Q}_{konv,erzw,FG}$ | W | Wärmestrom erzwungene Konvektion Fördergas |
| $\dot{Q}_{konv,erzw,SG}$ | W | Wärmestrom erzwungene Konvektion Schutzgas |
| $\dot{Q}_L$ | W | Wärmestrom Laser |
| $\dot{Q}_{LPI}$ | W | Wärmestrom Laser-Pulver-Interaktion |
| $\dot{Q}_{LSI}$ | W | Wärmestrom Laser-Substrat-Interaktion |
| $\dot{Q}_{refl}$ | W | Wärmestrom reflektierende Strahlung |
| $\dot{Q}_{str}$ | W | Wärmestrom Strahlung |

| | | |
|---|---|---|
| $\dot{Q}_v$ | W | Wärmestrom Verlustleistung |
| $r_f$ | mm | Radius des Laserstrahls im Fokus |
| $r_L$ | mm | Radius des Laserstrahls |
| $R^2$ | % | Bestimmtheitsmaß |
| $R_m$ | MPa | Zugfestigkeit |
| $R_{p0,2}$ | MPa | 0,2 %-Dehngrenze |
| $t$ | s | Zeit |
| $T$ | °C | Temperatur |
| $T_{ES}$ | °C | Temperatur Einzelspur |
| $T_F$ | °C | Temperatur Fluid |
| $T_{Li}$ | °C | Temperatur Schmelzpunkt |
| $T_O$ | °C | Temperatur Oberfläche |
| $T_U$ | °C | Temperatur Umgebung |
| $T_{Sub}$ | °C | Temperatur Substrat |
| $T_W$ | °C | Temperatur Wandfläche |
| $v$ | mm/s | Geschwindigkeit |
| $Z$ | mm | Laufvariable entlang der z-Achse |
| $Z_{akt}$ | mm | Aktive Lage entlang der z-Achse |

# 1 Einleitung

Durch den einerseits steigenden technologischen Fortschritt und die gleichzeitig zunehmende Weltbevölkerung steigt der Abbau und die Verwendung von Ressourcen weltweit signifikant an. In Bezug auf die Metallproduktion hat sich diese vom Jahr 1970 mit 620 Mt auf 1.910 Mt im Jahr 2020 mehr als verdreifacht. Auch unter Berücksichtigung der steigenden Weltbevölkerung ist ein klarer Trend des höheren (Metall-)Konsums zu beobachten. Die Metallproduktion hat sich im gleichen Betrachtungszeitraum auf die Bevölkerung bezogen von 0,17 t pro Kopf auf 0,25 t pro Kopf weltweit erhöht. [MAT-22], [USGS-22]

Durch die limitierte Verfügbarkeit von Ressourcen nimmt im industriellen Kontext die Notwendigkeit effizienter und nachhaltiger Fertigungskreisläufe zu. So rückt ebendies immer stärker in den Fokus der strategischen Programme der Industriestaaten. In Deutschland beispielsweise war *Nachhaltiges Wirtschaften und Energie* eine von sechs Zukunftsaufgaben im Rahmen der *Hightech-Strategie 2020* aus dem Jahr 2014 des Bundesministeriums für Bildung und Forschung (BMBF) [BMBF-14]. Auch in der aktuellen Entwurfsfassung des Nachfolgeprogramms *Zukunftsstrategie Forschung und Innovation 2025* vom BMBF steht das Thema Ressourceneffizienz weiterhin im Fokus [BMBF-22].

Auf die Produktion bezogen sind folglich ressourceneffiziente Verfahren zu entwickeln oder zu optimieren, um auch zukünftig am Markt wettbewerbsfähig zu bleiben und dabei gleichzeitig einen Beitrag zu den Klimazielen zu leisten. Ein zielführender Ansatz sind hierbei generative Fertigungsverfahren, die das Material für Bauteile nur dort einsetzen, wo es benötigt wird. Sie bilden damit die Umkehrung zu den subtraktiven Fertigungsverfahren, die Material abtragen, um zur gewünschten Geometrie zu kommen [GEB-07].

Ein solches generatives Verfahren ist das Laser-Pulver-Auftragschweißen (LPA), bei dem das Material in Pulverform lokal auf einer Oberfläche mit einem Laserstrahl aufgeschmolzen wird. Diese in der Industrie bereits etablierte Technologie wird zum Beschichten und Reparieren von Bauteilen schon flächendeckend eingesetzt. Zunehmend findet dieses Verfahren aber auch Einsatz in der Herstellung vollständiger Bauteile im Kontext der additiven Fertigung (3D-Druck) [KEL-06], [BRA-10], [WIT-14], [RIT-20], [MÖL-21].

Mit dem großen Potenzial dieses Verfahrens, Bauteile wirtschaftlich und ressourcenschonend herzustellen, gehen unterschiedliche Herausforderungen einher, die es durch Weiterentwicklung dieser Technologie zu lösen gilt. So ist die Prozessauslegung der zentrale Punkt in der Fertigungsvorbereitung, die nach heutigem Stand aufgrund der hohen Bauteilabhängigkeit nicht automatisiert umsetzbar ist. Folglich wird ein hohes Maß an Expertise in diesem Bereich benötigt, sodass die Entwicklung neuer Bauteile häufig in einem iterativen, meist experimentellen Optimierungsprozess abläuft. Neben den entstehenden Kosten sowie einem höheren Zeiteinsatz steht dieses Vorgehen im Widerspruch zu einem ressourcenschonenden Technologieeinsatz.

© Der/die Autor(en), exklusiv lizenziert an
Springer-Verlag GmbH, DE, ein Teil von Springer Nature 2023
M. Heilemann, *Temperaturadaptive Prozessauslegung für das
Laser-Pulver-Auftragschweißen*, Light Engineering für die
Praxis, https://doi.org/10.1007/978-3-662-68207-4_1

Einen wesentlichen Einfluss hat hierbei das komplexe Thermomanagement im Fertigungsprozess. In den einzelnen Schweißspuren und -lagen liegen je nach Bauteil und weiteren Randbedingungen unterschiedliche Temperaturen vor. Während die Prozessparameter jedoch in der Regel anhand von Einzelspurversuchen bei Raumtemperatur optimiert werden, entstehen im Prozess instationäre thermische Randbedingungen, die sich signifikant auf das Prozessverhalten auswirken. Die Folge sind ungleichmäßige Einzelspurausprägungen, die einen instabilen Bauprozess nach sich ziehen und zum Abbruch führen können. Darüber hinaus werden bedingt durch unterschiedliche Abkühlgeschwindigkeiten anisotrope Materialeigenschaften beobachtet.

Daher ist das Thermomanagement beim Laser-Pulver-Auftragschweißen die zentrale Betrachtungsgröße der vorliegenden Arbeit, um den genannten Herausforderungen entgegenzuwirken und eine breitere Industrialisierung dieser Technologie zu ermöglichen. Hierfür wird im Rahmen dieser Arbeit eine temperaturadaptive Prozessauslegung entwickelt, die es auf Grundlage von empirisch ermittelten Daten und einer thermischen Simulation ermöglicht, an eine beliebige Applikation angepasste Parameter und entsprechende Bahnplanung automatisiert zu generieren. Für den Verschleiß- und Korrosionsschutz werden in den Beschichtungsanwendungen oft Nickelbasislegierungen eingesetzt, während für den 3D-Druck ein zentraler Fokus in der Luftfahrtindustrie auf den Titanlegierungen liegt. Daher werden die Legierungen mit den Werkstoffnummern 2.4856 (*Inconel 625*) stellvertretend für Beschichtungsanwendungen und 3.7164 (*Titan grade 5*) stellvertretend für 3D-Druck-Anwendungen in dieser Arbeit betrachtet.

Das entwickelte Modell zur automatisierten Prozessauslegung mit adaptiven Parametern bietet damit das Potenzial, zukünftige Prozessentwicklungen sowohl in ihren Kosten als auch in der Zeit signifikant zu verringern.

# 2 Stand der Wissenschaft und Technik

Dieses Kapitel fasst die für diese Arbeit relevanten Erkenntnisse aus Wissenschaft und Technik zusammen. Das in der vorliegenden Arbeit betrachtete Verfahren ist das Laser-Pulver-Auftragschweißen (LPA). Der Prozess zeichnet sich durch einen geringen und sehr gezielten Energieeintrag aus und ist ein etablierter Prozess zur Beschichtung, Reparatur und zunehmend auch für den 3D-Druck. Nachfolgend wird daher der Prozess im Detail betrachtet und dabei ein besonderer Fokus auf die Zielgrößen und Einflussfaktoren gelegt. Für ein tiefergehendes Verständnis der Temperaturentwicklung beim LPA werden weiterhin auch die Wärmeleitungsmechanismen und Modellierungsansätze beschrieben. Abschließend werden die zwei für diese Arbeit relevanten Werkstoffe beschrieben.

## 2.1 Laser-Pulver-Auftragschweißen

Beim Auftragschweißen im Allgemeinen handelt es sich um einen Prozess, bei dem Zusatzmaterial in Draht- oder Pulverform durch eine Energiequelle lokal auf einer Oberfläche verschweißt wird. Die Verfahren werden nach [DIN-8580] der Hauptgruppe 5 Beschichten zugeordnet. Mit diesen Verfahren wird das Beschichten einer Werkstückoberfläche durch ein Nebeneinanderlegen von mehreren Auftragschweißbahnen zu einer Deckschicht realisiert. Hierbei wird ferner je nach Anwendung zwischen Panzern, Plattieren und Puffern differenziert [DIL-06].

Durch die Überlagerung mehrerer Schweißlagen zu Volumenkörpern, die über eine Beschichtung hinausgehen, können einige Auftragschweißverfahren in Anlehnung an die [DIN-8580] auch zu den Urformverfahren gezählt werden. Die Grundlage hierfür ist, kennzeichnend für alle additiven Fertigungsverfahren, ein schichtweiser Aufbau von Volumenkörpern. In [DIN-52900] werden die Auftragschweißverfahren im Kontext der additiven Fertigung nach ihren Wirkweisen klassifiziert und unter dem Begriff der Directed Energy Deposition (DED) (deutsch: gerichtete Energieeinbringung) zusammengefasst. Die [DIN-17296-2] beschreibt darüber hinaus die grundlegende Wirkweise der unterschiedlichen Hauptgruppen der additiven Fertigungsverfahren.

Das LPA ist ein Verfahren aus der DED-Prozessgruppe und ermöglicht durch die Verwendung von Pulver und Laserstrahlung einen sehr lokalen Energieeintrag und Materialauftrag. Im Folgenden werden der Aufbau und Prozessablauf dieses Verfahrens näher beschrieben. Der Fokus liegt hierbei auf den Prozessphänomenen als Grundlage für die Entwicklung weiterführender Optimierungsansätze. Für eine tiefergehende Betrachtung der Prozessgrundlagen und physikalischen Wirkweisen wird an dieser Stelle auf die Fachliteratur verwiesen, auf der auch die Untersuchungen dieser Arbeit basieren [BEY-98], [TOY-03], [POP-05].

© Der/die Autor(en), exklusiv lizenziert an
Springer-Verlag GmbH, DE, ein Teil von Springer Nature 2023
M. Heilemann, *Temperaturadaptive Prozessauslegung für das
Laser-Pulver-Auftragschweißen*, Light Engineering für die
Praxis, https://doi.org/10.1007/978-3-662-68207-4_2

## 2.1.1   Funktionsprinzip

Beim LPA wird das Zusatzmaterial in Pulverform über eine spezielle Düse an der Bearbeitungsoptik der Prozesszone zugefügt und dort lokal in Wechselwirkung mit der Laserstrahlung aufgeschmolzen. Durch eine Relativbewegung zwischen der Bearbeitungsoptik und der Bauplattform, auch Substrat genannt, entstehen Einzelspuren aus dem Zusatzmaterial, die metallurgisch mit dem Grundwerkstoff verbunden sind. Abbildung 2.1 zeigt schematisch den Prozessablauf zur Erzeugung einer Einzelspur.

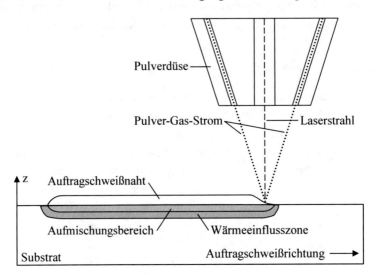

Abbildung 2.1:        Schematische Darstellung des Laser-Pulver-Auftragschweißens einer Einzelspur und des entstehenden Aufmischungsbereichs und der Wärmeeinflusszone

Die hierbei entstehende Wärmeeinflusszone um die Prozesszone ist im Vergleich zu anderen Auftragschweißverfahren durch die lokale Energieeinbringung mittels Laserstrahlung gering [STE-10]. Das Schmelzbad wird über einen Schutzgasstrom vor Umgebungseinflüssen abgeschirmt. Inerte Gase wie Argon oder Helium verhindern die Reaktion des Metalls mit Elementen wie Sauerstoff und Wasserstoff aus der Umgebungsatmosphäre im schmelzflüssigen Zustand. Bei Werkstoffen mit einer hohen Affinität zur Sauerstoffaufnahme reicht diese lokale Schutzgasabdeckung unter gewissen Randbedingungen nicht aus. Dies ist beispielsweise bei der Titanlegierung Ti-6Al-4V der Fall, die in den Versuchen dieser Arbeit verwendet wird. Für diese Werkstoffe werden zusätzliche lokale Schutzgasdüsen oder eine globale Abschirmung in einer abgeschlossenen und mit Inertgas gefluteten Baukammer erforderlich [ARC-00], [LI-20].

Der Aufmischungsbereich beschreibt die Wechselzone, in der das Zusatzmaterial und das Substrat eine metallurgische Verbindung eingehen. Wird zum Substrat artfremdes Zusatzmaterial aufgeschweißt, entsteht eine Übergangszone mit anderen Materialeigenschaften als denjenigen des Grund- und Zusatzwerkstoffs. Bei artgleichem Aufschweißen ist das Ziel, homogene Materialeigenschaften zu erzeugen, was jedoch durch die hohen Abkühlgeschwindigkeiten gerade in der ersten Schicht eine große Herausforderung darstellt (vgl. Abschnitt 2.1.2.3). Die Tiefe der Aufmischung charakterisiert die thermische Belastung des Grundwerkstoffs, sodass die Zielgröße beim Auftragschweißen eine möglichst geringe Aufmischung ist. Im Detail wird auf die Ziel- und Einflussgrößen beim LPA in Abschnitt 2.1.2 und 2.1.3 eingegangen.

Der grundlegende Ablauf der Prozesskette ist in Abbildung 2.2 dargestellt. Ausgangspunkt ist ein 3D-Datensatz, der in der Regel in einem Standard-Tessellation-Language(STL)- oder Standard-for-the-Exchange-of-Product-model-data(STEP)-Format vorliegen muss. Für die Schichtbauweise werden diese Daten über eine sogenannte Slicer-Software in einzelne Ebenen unterteilt und auf die jeweilige Ebene wird eine entsprechende Schweißstrategie angewendet. Nach der Durchführung des Auftragschweißprozesses werden häufig noch nachgelagerte Prozessschritte ausgeführt, wie beispielsweise eine Wärmebehandlung zur Spannungsreduktion und subtraktive Bearbeitung für Funktionsflächen.

Abbildung 2.2:          Vereinfachte Prozesskette für das Laser-Pulver-Auftragschweißen vom 3D-Modell zu den nachgelagerten Endbearbeitungsschritten

Für das LPA sind grundlegend die Komponenten Laserstrahlquelle, Bearbeitungsoptik, Pulverfördersystem, Pulverdüse und Handhabungseinheit erforderlich. Nachfolgend werden die unterschiedlichen Möglichkeiten für diese Einzelkomponenten kurz erläutert. Darauf aufbauend wird in Kapitel 4 die Anlagentechnik dieser Arbeit vorgestellt.

Als Energiequelle, um das zugeführte Pulver mit dem Substrat aufzuschmelzen, können generell unterschiedliche Gas-, Festkörper- oder Diodenlaser verwendet werden. Dabei hat das zu bearbeitende Material einen spezifischen Absorptionskoeffizienten, der in Abhängigkeit von der Wellenlänge des Lasers unterschiedlich viel von dessen Energie aufnimmt. Beim LPA sind mittlerweile überwiegend Festkörperlaser im Einsatz, die eine gute Absorption bei vielen metallischen Werkstoffen aufweisen. Darüber hinaus weisen sie eine höhere Strahlgüte als Diodenlaser auf und sind gegenüber $CO_2$-Lasern einfacher in der Strahlführung. [BEY-98], [STE-10]

Die Bearbeitungsoptik richtet sich nach der verwendeten Laserstrahlquelle und -leistung. Mit Hilfe der Optik wird der Laserstrahl auf einen bestimmten Durchmesser auf der Arbeitsebene fokussiert. Darüber hinaus können weitere Funktionen integriert sein, die in den letzten Jahren auch zunehmende Bedeutung beim Auftragschweißen finden. So können neben variablen Strahldurchmessern im Bearbeitungspunkt auch unterschiedliche Strahlformen und Intensitätsverteilungen ermöglicht werden. Durch die Erzeugung eines rechteckigen Laserstrahlquerschnitts können breite Einzelspuren erzeugt werden, die die Wirtschaftlichkeit speziell beim Beschichten signifikant steigern. [SAN-11], [TUO-12], [LIU-18]

Um das Pulver der Prozesszone zuzuführen, wird ein Fördersystem benötigt, das in der Regel auf einem mechanischen Abstreifer- oder Vibrationsprinzip aufbaut. Bei dem mechanischen Abstreifen wird das Pulver über eine Nut in einer kontinuierlich drehenden Dosierscheibe aus einem Reservoir entnommen und mit Hilfe eines Gasstroms in die Zuleitung der Pulverdüse zugeführt. Die Drehzahl und Nutgeometrie definieren dabei die Menge an Zusatzmaterial. Bei dem Vibrationssystem wird das Pulver über eine definierte Schwingung dosiert und über eine Rutsche in die Zuleitung gefördert. Letzteres geht in der Regel mit höheren Kosten einher, unterliegt dafür jedoch einem geringeren Verschleiß als beim mechanischen Abstreifen. Eine konstante Pulverzufuhr hat einen signifikanten Einfluss auf das Prozessergebnis. Schwankungen im zugeführten Pulver verändern die auftragschweißbare Masse, und damit auch die Wechselwirkung zwischen eingebrachter Energie und Einzelspurausprägung. In der Literatur sind daher unterschiedliche Ansätze dargestellt, über einen Regelkreis den Pulvermassenstrom zu kontrollieren [GRÜ-93], [LI-93]. Eine Regelung für einen *angepassten* Massenstrom während des Prozesses sind diese Ansätze jedoch nicht, da zwischen dem Fördersystem und der Prozesszone mehrere Meter Pulverzuführleitung liegen können und damit ein angepasster Pulvermassenstrom im Prozess erst mit einer deutlichen Verzögerung ankommen würde.

Das Pulver wird über spezielle Düsen kurz vor der Prozesszone entweder seitlich (laterale Zuführung), koaxial über mehrere Pulverstrahlaustritte (diskontinuierlich-koaxiale Zuführung) oder über einen Ringspalt (kontinuierlich-koaxiale Zuführung) zugeführt. Die laterale Pulverzuführung geht mit einer Richtungsabhängigkeit des Prozesses einher, jedoch sind in der Regel die höchsten Auftragraten realisierbar. Die diskontinuierlich-koaxiale Pulverzuführung ermöglicht hohe Auftragraten bei einer guten Fokussierung des Pulverstrahls, und damit erhöhten Pulverwirkungsgrad. Eine kontinuierlich-koaxiale Pulverzuführung bietet eine präzise Fokussierung des Pulverstrahls, und damit sehr exakte Auftragschweißnähte, jedoch bei reduzierter Wirtschaftlichkeit aufgrund der vergleichsweise geringen Pulverfördermenge. [KEL-06]

Als Handhabungseinheiten werden Portalsysteme oder Industrieroboter eingesetzt. Letztere ermöglichen durch die sechs ansteuerbaren Achsen eine höhere Flexibilität in der Handhabung und sind kostengünstiger als vergleichbare Portalsysteme. Industrieroboter weisen jedoch in der Regel eine geringere Steifigkeit auf und daraus folgend eine verringerte Präzision des Systems. Da das Auftragschweißen ein berührungs- und damit kraftloser Prozess ist, ist die fehlende Steifigkeit unkritisch im Vergleich zu subtraktiven Prozessen.

## 2.1.2 Zielgrößen

Die Einsatzgebiete für das LPA sind aufgrund dessen Flexibilität und Skalierbarkeit sehr vielfältig. Entsprechend werden die Zielgrößen bei diesem Verfahren unterschiedlich stark je nach Anwendungsfall gewichtet. Je nach Komplexität des Werkstücks und des verwendeten Werkstoffs stehen teilweise wirtschaftliche Zielkriterien wie eine möglichst hohe Auftragrate oder technisch relevante Kriterien wie das Erreichen spezieller Materialeigenschaften im Vordergrund.

Die Ausprägung der Einzelspur beim Auftragschweißen ist dabei ein zentraler Einflussfaktor auf die Gesamtgeometrie, die erzeugt werden soll. Mit zunehmender Lagenanzahl und Bauteilgröße erhöht sich weiterhin die Relevanz der Einzelspurausprägung, da bereits geringste Abweichungen von der Soll-Geometrie durch die Aufsummierung dieser Abweichungen über die Zeit zum Prozessversagen führen können.

In diesem Abschnitt werden daher zunächst die generellen Zielgrößen beim LPA klassifiziert und im Detail erläutert. Die schematische Ausprägung einer Einzelspur im Querschnitt ist in Abbildung 2.3 dargestellt, die als Grundlage der Erläuterung der Zielgrößen dient.

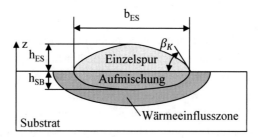

Abbildung 2.3:  Schematische Darstellung einer LPA-Einzelspur im Querschnitt mit den Messgrößen zur Charakterisierung: Einzelspurbreite $b_{ES}$, Einzelspurhöhe $h_{ES}$, Schmelzbadtiefe $h_{SB}$ und Kontaktwinkel $\beta_K$

### 2.1.2.1 Aspektverhältnis

Beim LPA wird das Pulvermaterial zum Werkstück zugeführt und auf dessen Oberfläche in Wechselwirkung mit der Laserstrahlung aufgeschmolzen. Das aufgeschmolzene Material bildet im Querschnitt betrachtet lokal eine annähernd halbelliptische Einzelspur auf der Substratoberfläche aus und durchmischt sich mit dem Substrat. Abbildung 2.4 zeigt schematisch den Querschnitt einer aufgetragenen Einzelspur unter Darstellung der relevanten Größen für das Aspektverhältnis $\Phi$.

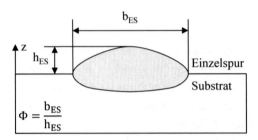

Abbildung 2.4:          Schematische Darstellung einer Auftragschweißspur im Querschnitt mit
                        dem Aspektverhältnis $\Phi$, resultierend aus dem Verhältnis von Einzelspur-
                        breite $b_{ES}$ zur Einzelspurhöhe $h_{ES}$

Das Aspektverhältnis resultiert aus dem Verhältnis zwischen Breite zu Höhe des
Einzelspurquerschnitts. Mit diesem Kennwert wird die Spurgeometrie zur Eignung eines
qualitativ hochwertigen Materialaufbaus charakterisiert. In der industriellen Anwendung
wird hierfür ein Wert von vier empfohlen [SHE-94]. Wird dieser Wert überschritten,
liegt eine sehr flache Einzelspur vor, die bei der Überlagerung mit weiteren Spuren zu
einer ungleichmäßigen Oberfläche führen kann und in der Regel mit einem hohen Aufmischungsgrad einhergeht [JAM-12]. Wird dieser Wert wiederum bedeutend unterschrit-
ten, kann sich eine Einschnürung an der Substratoberfläche ergeben, woraus Hohlräume
bei der Überlagerung mit weiteren Spuren entstehen können [OCY-15]. Beide Arten von
Ungänzen sind beim Auftragschweißen zu vermeiden. Daher muss bei der Prozessauslegung auf die Einhaltung dieses Wertes geachtet werden.

Das Aspektverhältnis hat darüber hinaus auch einen zentralen Einfluss auf den
Überlappungsgrad zwischen den Spuren. Der Überlappungsgrad $\delta$ definiert, um wie viel
Prozent eine Spur in der vorangegangenen nebenliegenden Spur eingelagert ist. Bei einer
100 %igen Überlappung würden die Mittelpunkte zweier Einzelspuren übereinanderlie-
gen, wohingegen beim Wert von 0 % genau keine Berührung zwischen den Einzelspuren
stattfinden würde, da die Mittelpunkte um die vollständige Spurbreite versetzt wären.
Das Optimum für diese Kenngröße ist in der Regel experimentell zu ermitteln, da dieser
Wert stark material- und prozessabhängig ist. In der Literatur wird in den meisten Fällen
von einem Optimum im Bereich zwischen 40 und 60 % berichtet [KEL-06], [JAM-12],
[WIT-14]. Neben der experimentellen Analyse sind in weiteren Veröffentlichungen unterschiedliche analytische und numerische Modelle entwickelt worden, um den Überlap-
pungsgrad bei gegebenen Randbedingungen vorherzusagen [AHS-11C], [BRÜ-17],
[CAI-19].

### 2.1.2.2    Aufmischungsgrad

Der Aufmischungsgrad $\Psi$ ist die Kenngröße für die Vermischung des Zusatzwerkstoffs mit dem Grundmaterial und gibt Aufschluss über den Energieeintrag in das Grundmaterial. Der Aufmischungsgrad als Zielgröße beim Auftragschweißen wird so gering wie

möglich angestrebt. Gleichzeitig muss er ausreichend hoch sein, um eine feste Verbindung zwischen Grund- und Zusatzwerkstoff zu gewährleisten. Für spezielle Anwendungen in der Beschichtungstechnik ist ein hoher Aufmischungsgrad teilweise angestrebt, was entsprechend als Legieren und Dispergieren klassifiziert wird [BEY-98]. Diese Verfahren sind jedoch für die vorliegende Arbeit nicht relevant.

Beim LPA lassen sich Aufmischungsgrade von unter 5 % erzielen [OHN-08], [SCH-19]. Der Aufmischungsgrad wird dabei definiert als das Verhältnis zwischen der Querschnittsfläche des aufgetragenen Materials in Bezug zur Schmelzbadfläche. Die Aufmischung im Grundmaterial wird auch als Einbrand bezeichnet. In Abbildung 2.5 sind diese beiden Flächen im Einzelspurquerschnitt schematisch dargestellt.

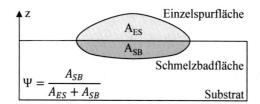

Abbildung 2.5:        Schematische Darstellung des Aufmischungsgrades $\Psi$ aus dem Verhältnis der Flächen aus aufgetragenem Material $A_{ES}$ und Schmelzbad $A_{SB}$

Hierbei kann ein Zielkonflikt mit anderen Optimierungsgrößen auftreten. Sollen aus wirtschaftlichen Aspekten höhere Auftragraten erzielt werden (vgl. Abschnitt 2.1.2.5), so ist in der Folge ein erhöhter Aufmischungsgrad zu erwarten. Dies ist auf den erhöhten Energiebedarf zum Aufschmelzen des Zusatzwerkstoffs zurückzuführen, da die Energie nicht vollständig vom Pulvermassenstrom, sondern zu einem Teil auch direkt auf der Substratoberfläche absorbiert wird. Hieraus folgt ein lokal größeres Schmelzbad und die Erhöhung des Einbrandes.

Der Aufmischungsgrad ist somit stark vom Thermomanagement im Prozess abhängig. Durch die ansteigenden Temperaturen des Grundmaterials oder beim Überschweißen einer noch nicht abgekühlten Einzelspur oder Lage unterscheiden sich die thermischen Randbedingungen im Prozess stark. Mit zunehmender Substrattemperatur ist ein Ansteigen des Aufmischungsgrades zu beobachten, da in der lokalen Energiebilanz ein Überschuss aufgrund der zusätzlichen Substratwärme vorliegt [OCY-14]. Für eine gleichbleibende Ergebnisqualität muss der Einfluss thermischer Schwankungen auf den Aufmischungsgrad in der Prozessauslegung somit Berücksichtigung finden.

### 2.1.2.3   Materialeigenschaften

Die Materialeigenschaften des Grund- und Zusatzwerkstoffs werden durch eine Vielzahl von Parametern beeinflusst. Das Thermomanagement ist hierbei von maßgeblicher Bedeutung, da es in direkter Wechselwirkung mit der Mikrostrukturausbildung steht. Da es sich um einen Schmelzprozess handelt, ist die Gefügeausbildung des aufgetragenen Werkstoffs, des Einbrands und der Wärmeeinflusszone im Grundmaterial maßgeblich von den Abkühlgeschwindigkeiten abhängig [BRA-10], [AHS-11B], [SHA-15], [PAY-15], [RIT-20].

Die Zielgröße ist, möglichst homogene Materialeigenschaften über die gesamte Auftragschweißgeometrie zu erzeugen. Bei artgleichem Auftragschweißen, bei dem das Substrat Bestandteil des späteren Bauteils ist, sind die Eigenschaften im Materialübergang von besonders hoher Relevanz.

Ein Ansatz zur Homogenisierung der Eigenschaften ist es, die einzelnen Schweißnähte oder Schweißlagen jeweils vollständig abkühlen zu lassen, um damit annähernd konstante thermische Randbedingungen zu erhalten. Dieses Vorgehen wird beispielsweise von Wu et al. für das Lichtbogen-Auftragschweißen von Ti-6Al-4V empfohlen [WU-18]. Neben der veränderten Mikrostruktur durch unterschiedliche Abkühlraten ist bei hochreaktiven Werkstoffen wie Titan allerdings auch eine vermehrte Aufnahme von Sauerstoff zu beobachten, wenn das nachglühende Schmelzbad nicht ausreichend mit Schutzgas versorgt wird. Während die Mikrostruktur über eine an den Prozess anschließende Wärmebehandlung adressiert werden kann, ist die Aufnahme von Sauerstoff im Material in der Regel irreversibel [EBE-19]. Ein Warten im Prozess steht allerdings im Konflikt zu einer wirtschaftlichen Fertigung aufgrund der hohen Stillstandzeiten. Für eine breite Industrialisierung der DED-Verfahren ist dieses Vorgehen folglich nicht geeignet. Weiterhin muss auch die Ausbildung von Deformationen aufgrund thermisch induzierter Spannungen im Prozess berücksichtigt werden. Denlinger et al. haben gezeigt, dass sich eine Wartezeit im Prozess negativ auf die Ausbildung von Verformungen bei Ti-6Al-4V auswirkt [DEN-15]. Beim Lagenaufbau mittels LPA von insgesamt 40 Einzelspuren wurde eine absolute Verformung von 0,37 mm ohne Wartezeit und 0,57 mm bei 40 s Wartezeit zwischen den Einzelspuren gemessen. Dies entspricht einem Anstieg der Verformung um 54 %. Der Ansatz, Haltezeiten in den Prozess einzubauen, ist somit aus wirtschaftlicher und technischer Sicht nicht zielführend.

Der Effekt einer zunehmenden Temperatur der vorangehenden Lage oder des Grundmaterials ist besonders kritisch, wenn die prozessinduzierte Energie schlecht abgeleitet werden kann. Dieses Phänomen ist insbesondere beim 3D-Druck relevant, wenn hohe und dünnwandige Strukturen aufgebaut werden. Hierbei verringert sich die Festkörperwärmeleitung zum Grundmaterial signifikant über die Aufbauhöhe [BEY-98]. Ein sehr kritischer Anwendungsfall dieses Phänomens tritt beispielsweise beim Aufbau einer Wand aus Einzelspuren auf. In Abbildung 2.6 ist schematisch dieses Phänomen der sich ändernden Wärmeleitungsmechanismen dargestellt. Es werden $n$ Einzelspuren mit der Breite $b$ und Höhe $h$ vertikal überlagert, um damit eine Wandstruktur der Breite $b$ und Höhe $n \cdot h$ zu realisieren.

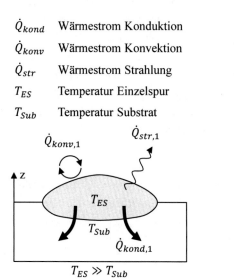
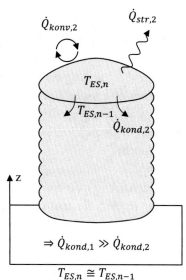

| $\dot{Q}_{kond}$ | Wärmestrom Konduktion |
| $\dot{Q}_{konv}$ | Wärmestrom Konvektion |
| $\dot{Q}_{str}$ | Wärmestrom Strahlung |
| $T_{ES}$ | Temperatur Einzelspur |
| $T_{Sub}$ | Temperatur Substrat |

Abbildung 2.6:    Schematische Darstellung der instationären Wärmeübertragungsmechanismen beim Aufbau einer Wand aus $n$ Einzelspuren. Hohe Festkörperwärmeleitung (Konduktion) ins Substrat nach der ersten Spur (links) und reduzierte Festkörperwärmeleitung nach $n$ Einzelspuren aufgrund des Wärmestaus (rechts)

Der prozessinduzierte Wärmestau in den aufgebauten Strukturen hat damit einen signifikanten Einfluss auf die Materialeigenschaften aufgrund der unterschiedlichen Abkühlgeschwindigkeiten. Darüber hinaus kann die sich anstauende Wärme bis hin zu einer Überhitzung der Schmelze und dadurch ausgelöst zu einer Verdampfung einzelner Legierungselemente führen [HE-03].

Zusätzlich kann bedingt durch den Wärmestau eine Vergrößerung des Schmelzbades beobachtet werden, was zu Instabilitäten beim Auftragschweißen führen kann. In der Folge treten teilweise signifikante Geometrieabweichungen auf. Um diesen entgegenzuwirken, wird beispielsweise die Laserleistung über die Bauhöhe oder in Relation zur Schmelzbadtemperatur angepasst [SON-11], [TAN-10], [OCY-14], [MÖL-21].

Die angestrebten homogenen Materialeigenschaften tragen somit zentral zur Bauteilqualität bei und sind in der Applikationsentwicklung maßgebend. Für die Prozessauslegung bedeutet dies, dass die instationären thermischen Randbedingungen bereits im Vorfeld bekannt sein sollten, um eine optimierte Aufbaustrategie anwenden zu können.

### 2.1.2.4    Geometrieeinhaltung

Das Auftragschweißen ist im Kontext der additiven Fertigung als sogenanntes Net-Shape-Verfahren anzusehen. Es handelt sich demzufolge um einen konturnahen Prozess, der nicht direkt die Endkontur eines Bauteils erzeugt [BRA-10]. In der Anwendung bedeutet dies, dass bspw. eine subtraktive Nachbearbeitung der erzeugten 3D-Struktur in der

Regel notwendig ist. In Bezug auf die Geometrieeinhaltung lassen sich damit die Fragen ableiten: Wie *genau* muss die Geometrieeinhaltung im Verfahren sein? Was sind die technischen und wirtschaftlichen Auswirkungen? Und wann sind diese im Prozess für dessen Stabilität und Wiederholbarkeit kritisch?

Aufgrund der umfangreichen Wechselwirkungen zwischen Systemtechnik, Material und Anwendung lassen sich hierzu keine allgemeingültigen Aussagen treffen. Zur Vereinfachung und Übersicht wird zwischen den drei Anwendungsfällen Beschichtung, Reparatur und 3D-Druck differenziert und daraus werden die entsprechenden Herausforderungen abgeleitet.

Im ersten Schritt jeder Anwendung muss zunächst ein Parametersatz gefunden werden, der unter anderem die gewünschten geometrischen Zielgrößen erfüllt. Hierfür eignen sich Einzelspurversuche, die anhand der Querschnittsfläche ausgewertet werden. Dabei werden die folgenden geometrischen Bewertungsgrößen charakterisiert:

- Spurbreite $b_{ES}$,
- Spurhöhe $h_{ES}$,
- Aspektverhältnis $\Phi$,
- Einzelspurfläche $A_{ES}$,
- Schmelzbadtiefe $h_{SB}$ und -fläche $A_{SB}$,
- Aufmischungsgrad $\Psi$ und
- Kontaktwinkel $\beta_K$.

Erreichbare mechanische Kennwerte wie die Härte des Materials und die Auswertung der Mikrostruktur haben keine direkte Auswirkung auf die Geometrieausprägung und sind daher nicht aufgeführt.

Zur Erzeugung einer flächigen Beschichtung werden die Einzelspuren mit einem definierten Überlappungsgrad $\delta$ nebeneinandergeschweißt. Der Überlappungsgrad wird dabei iterativ experimentell ermittelt oder analytisch abgeschätzt. Mit den Prozessinformationen Einzelspurbreite und Überlappungsgrad lassen sich einlagige Auftragschweißschichten erzeugen.

Durch Instabilitäten im Prozess, beispielsweise durch eine gestörte Pulverzufuhr, Beschleunigungs- und Abbremsbewegungen des Handhabungssystems, aber auch durch die Änderung der thermischen Randbedingungen und falsch gewählte Parameter können Geometrieabweichungen beobachtet werden [PEY-08], [GHA-14], [MÖL-16], [HEI-17A], [BER-20], [PER-20], [HEI-21]. Die daraus resultierenden Fehlerbilder sind in Abbildung 2.7 schematisch zusammengetragen.

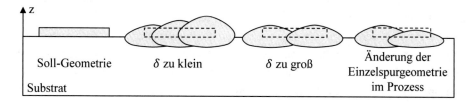

Abbildung 2.7:        Schematische Darstellung der Abweichungen von der Soll-Geometrie in der flächigen Beschichtung aufgrund von falschen Randbedingungen im Auftragschweißprozess

Während die ersten zwei Lagenfehler durch eine iterative Anpassung des Überlappungsgrades reduziert werden können, kann das dritte Fehlerbild durch unterschiedliche Ursachen hervorgerufen werden. Handelt es sich um einen systemtechnischen Fehler, wie beispielsweise eine gestörte Pulverzufuhr, kann dies durch eine Prüfung der Anlagentechnik vor Prozessstart weitestgehend vermieden werden. Kann ein solcher Fehler ausgeschlossen werden, müssen die prozessspezifischen Einflussfaktoren betrachtet werden. Sofern die Massenbilanz im Prozess konstant bleibt, also nicht mehr oder weniger Volumen aufgetragen wird, ist eine naheliegende Vermutung, dass sich die Schmelzbaddynamik und damit auch die Ausprägung der Einzelspur verändert. In den zuvor genannten Quellen werden ebendiese Effekte beobachtet und unterschiedliche Lösungsansätze beschrieben. Eine sich anstauende Wärme ändert die thermischen Randbedingungen im Prozess und *kann* sich auf die Einzelspurgeometrie auswirken. Eine genaue Korrelation zwischen steigender Temperatur und der Einzelspurausbildung wird bislang jedoch nicht hinreichend beschrieben. Aktuelle Untersuchungen verfolgen den Ansatz, die Geometrieänderung durch eine Homogenisierung der (Schmelzbad-)Temperaturen zu reduzieren. Die Herausforderung hierbei ist, dass die thermischen Randbedingungen abhängig vom Bauteil und Material sind und daher die Lösungsansätze nicht beliebig übertragbar sind.

Die Schmelzbaddynamik hängt mit dem thermodynamischen Werkstoffverhalten zusammen und ist für hochschmelzende Metalle nur äußerst komplex experimentell zu bestimmen. Daher wird ein weiterer Ansatz in der Literatur beschrieben, um die Geometrieeinhaltung im Auftragschweißprozess zu gewährleisten. Um einen stabilen Prozessablauf zu ermöglichen, werden Wartezeiten zwischen den Einzelspuren oder Flächen genutzt [BER-20]. Dieser Ansatz kann sich positiv auf die Geometrieeinhaltung auswirken, adressiert jedoch die Ursache nicht und reduziert darüber hinaus aufgrund der erhöhten Prozesszeit die Wirtschaftlichkeit des Verfahrens. Dieser Ansatz findet damit sowohl bei der Einhaltung der Materialeigenschaften als auch bei der Einhaltung der Geometrieausprägung Anwendung. Die beschriebenen Nachteile zeigen allerdings den Bedarf an einer technisch und wirtschaftlich sinnvollen Alternative auf.

Während eine Abweichung der geometrischen Soll-Größe in der flächigen Beschichtung eine untergeordnete Rolle einnimmt, da in der Regel mit genügend Aufmaß für eine spanende Nachbearbeitung geplant wird, ist dieser Effekt für das Mehrlagen-schweißen hingegen eine kritische Einflussgröße. Reduziert sich die Spur- oder Flächen-höhe im Prozess, verändert sich damit der Bearbeitungsabstand zwischen Bearbeitungs-optik und Oberfläche. Der Pulverausnutzungsgrad reduziert sich bei Änderung des Soll-Bearbeitungsabstandes. Dadurch verringert sich die darauffolgende Spur- oder Flächen-höhe nochmals, da sich nicht nur die thermischen Randbedingungen, sondern auch die Massenbilanz ändert. Es wird insgesamt weniger Material aufgeschmolzen und aufgebaut, was einen selbstverstärkenden Effekt hervorruft. Diese Wechselwirkung ist eine häufige Fehlerursache für Prozessinstabilitäten und -abbrüche.

In der Prozessauslegung muss weiterhin ein größerer Sicherheitsfaktor für den Ma-terial-offset für die Zerspanung auf das aufzubauende Volumen berechnet werden, was die Prozesszeit des Auftragschweißens erhöht und gleichzeitig zu einem erhöhten Span-volumen in der Nacharbeit führt. Der Prozess wird damit gleichzeitig an zwei Stationen der Prozesskette unwirtschaftlicher, sodass eine Minimierung der Ungenauigkeiten im Aufbauprozess zentraler Fokus der Prozessauslegung sein sollte.

In der aktuellen Literatur zeigt sich ein Defizit in der Quantifizierung der Korrela-tion der thermischen Randbedingungen zur Geometrieausprägung über den Labormaßstab hinaus. Der Fokus weiterer Forschung sollte daher auf technisch und wirtschaftlich sinn-volle Prozessstrategien gelegt werden, die die instationären thermischen Randbedingun-gen berücksichtigen.

### 2.1.2.5    Auftragrate

Die Auftragrate $\dot{M}$ befasst sich mit der Wirtschaftlichkeit des Verfahrens und ist daher oftmals das erste Betrachtungskriterium in der Anwendungsentwicklung. Die Auf-tragrate ist typischerweise als Gewicht oder Volumen pro Zeiteinheit definiert ($kg/h$ oder $cm^3/h$). Die Größe beschreibt daher nicht die Qualität des Bauteils, sondern liefert An-haltswerte für die benötigte Prozesszeit und die damit einhergehenden Kosten über die Anlagenbelegungszeit.

Die Zielgröße wird aus dem eingestellten Pulvermassenstrom definiert und um den Faktor des system- und prozessabhängigen Pulverausnutzungsgrades $\eta_{Pulver}$ verringert. Letzteren gilt es, durch auf den Anwendungsfall zugeschnittene Randbedingungen zu ma-ximieren.

Die Berechnung der Auftragrate ist in der Literatur und im allgemeinen Sprachge-brauch nicht einheitlich, da hierfür unterschiedliche Ansätze gewählt werden können. Oft-mals wird die theoretische oder reine Auftragrate $\dot{M}_{theo}$ angegeben. Diese beschreibt, wie viel Material pro Zeiteinheit aufgetragen werden könnte, wenn die Energiequelle dauer-haft aktiv wäre. Dieser Wert ergibt sich aus dem gemessenen Pulvermassenstrom $\dot{m}_{Pulver}$ und dem Pulverausnutzungsgrad $\eta_{Pulver}$:

$$\dot{M}_{theo} = \eta_{Pulver} \times \dot{m}_{Pulver} \qquad\qquad 2.1$$

In der realen Anwendung sind allerdings Unterbrechungen zu berücksichtigen, da der Auftragschweißprozess nicht durchgängig aktiv ist. Im Prozess ergeben sich Verfahrwege zwischen den Schweißbahnen, Umorientierungen, Umpositionierungen und teilweise noch Wartezeiten. Die reale Auftragrate $\dot{M}_{real}$ ist folglich auch bauteil- und prozessabhängig und muss daher über das aufgebaute Realvolumen der Geometrie inklusive der Prozessnebenzeiten ermittelt werden:

$$\dot{M}_{real} = \frac{m_{Bauteil}}{t_{Gesamtzeit}} = \frac{m_{Bauteil}}{t_{Schweißzeit} + t_{Nebenzeit}} \qquad 2.2$$

Aufgrund dieser Abhängigkeit von der jeweiligen Auftragschweißgeometrie wird im Verlauf der Arbeit für die Bewertung der Parametersätze an Einzelspuren, sofern nicht anders angegeben, die theoretische Auftragrate verwendet.

Um die Zeit des Auftragschweißens zu verringern und damit die Wirtschaftlichkeit der Anwendung zu optimieren, ist somit einerseits die Auftragrate zu erhöhen, während gleichzeitig die Nebenzeiten im Prozess zu reduzieren sind. Die Erhöhung der Auftragrate steht allerdings oftmals im Zielkonflikt zu den beschriebenen anderen Zielgrößen und kann von diesen limitiert werden. Unter der Voraussetzung einer ausreichend hohen Laserleistung und einer geeigneten Pulverdüse kann die Auftragrate zwar nahezu linear mit dem Pulvermassenstrom erhöht werden, jedoch werden dadurch die technischen Zielgrößen wie das Aspektverhältnis oder der Aufmischungsgrad teilweise stark negativ beeinflusst. Eine detaillierte Beschreibung zur Wechselwirkung zwischen dem Pulvermassenstrom und der Geometrieausprägung ist in Abschnitt 2.1.3 dargestellt.

### 2.1.3 Einflussfaktoren

In der Literatur sind unterschiedliche Darstellungen der Einflussfaktoren auf den LPA-Prozess aufgestellt worden. Ein Ursache-Wirkung-Diagramm bietet hierbei eine gute Übersicht über die Einflussfaktoren auf die einzelnen Zielgrößen. Ein solches Diagramm wurde in aktueller Form in [MÖL-21] zusammengefasst und bezieht sich dabei unter anderem auf [BEY-98], [TOY-03], [POP-05], [WIT-14]. Die möglichen Einflussfaktoren auf die Produktqualität werden angefangen vom Bediener bis hin zur Nachbearbeitung beim Laser-Pulver-Auftragschweißen damit hinreichend dargestellt.

Aus der vorangegangenen Zielgrößenbeschreibung lässt sich ableiten, dass die Geometrieeinhaltung einen zentralen Einfluss auf die Prozessstabilität hat. Daher werden nachfolgend die Ergebnisse aus der Literatur zu den Einflussfaktoren auf die Einzelspurausprägung im Detail betrachtet.

Die Laserleistung, die Schweißgeschwindigkeit und der Pulvermassenstrom sind im Prozess die Haupteinflussfaktoren auf die Geometrieausprägung. Wie stark sich eine Abhängigkeit ergibt, ist dabei vom Werkstoff abhängig und kann darüber hinaus von weiteren Prozessgrößen und Randbedingungen beeinflusst werden.

Für die <u>Laserleistung</u> zeigen [NUR-83], [KOM-90], [OLL-92], [KRE-95] in ihren Untersuchungen für den Beschichtungsprozess, dass eine Zunahme der Leistung mit einer Abnahme der Spurhöhe und gleichzeitiger Erhöhung der Spurbreite beobachtet werden kann. Das Schmelzbad wird durch den erhöhten Energieeintrag breiter und bei gleichbleibendem Pulvermassenstrom verteilt sich die Masse somit stärker zu den Seiten hin, während die Spurhöhe abnimmt. Dies deckt sich auch mit neueren Untersuchungen zum Werkstoff Ti-6Al-4V von [AHS-11A] und [GHA-14], wobei die Messwerte für die Spurhöhe stärker streuen und damit weniger signifikant im Verhältnis zur Spurbreitenzunahme sind. Ein Grund hierfür wird in der Vergrößerung des Schmelzbades gesehen, wodurch insgesamt mehr Partikel aufgeschmolzen werden können und die Massenbilanz nicht konstant bleibt [KOB-00]. In [GOO-17] kann für den Edelstahl 1.4404 und in [PEY-08] für Ti-6Al-4V allerdings eine Vergrößerung der Spurbreite mit steigender Laserleistung nachgewiesen werden, jedoch bleibt die Spurhöhe davon laut den Messergebnissen unverändert. Neben der reinen Wechselwirkung der Parameter ist damit auch eine Abhängigkeit von der Systemtechnik, in diesem Fall des Pulverwirkungsgrades, zu berücksichtigen. Eine signifikante Erhöhung der Einschmelztiefe und damit des Aufmischungsgrades konnte in allen Quellen nachgewiesen werden. Der Einfluss auf die Schmelzbadfläche wird im Detail in [OCY-14] dargestellt.

Die <u>Schweißgeschwindigkeit</u> beeinflusst maßgeblich die Abkühlgeschwindigkeit und Massenbilanz der Auftragschweißspur [MIR-18]. Daher wird diese oftmals in Kombination mit der Laserleistung als Streckenenergie $E_S$:

$$E_S = \frac{P}{v} \qquad\qquad 2.3$$

und mit dem Pulvermassenstrom als Streckenmasse $M_S$:

$$M_S = \frac{\dot{m}}{v} \qquad\qquad 2.4$$

in Zusammenhang gebracht [HÜG-14]. Eine Erhöhung der Schweißgeschwindigkeit reduziert die beiden zuvor eingeführten Terme, was eine signifikante Abnahme der Spurhöhe zur Folge hat. Die Spurbreite wird allerdings nur gering [GOO-17] oder gar nicht [WEN-10] beeinflusst. Weiterhin wird in [HEI-17A] gezeigt, dass bei gleicher Streckenenergie, jedoch unterschiedlicher Kombination aus Leistung zu Geschwindigkeit sich eine unterschiedliche Prozessstabilität ergibt. Die Betrachtung der Auftragschweißgeometrie allein über die Streckenenergie sollte daher vermieden werden. Neben der Verringerung der Spurhöhe bei steigender Geschwindigkeit wurde in [KOB-00] außerdem der Zusammenhang zur Substratdicke untersucht: Auftragschweißspuren aus Ti-6Al-4V auf einem dünnen Substrat von 2,9 mm verringern bei einer Geschwindigkeitszunahme um 50 % die Spurhöhe um mehr als die Hälfte. Dieselbe Versuchsreihe auf einem dickeren Substrat von 13,2 mm führt dabei lediglich zu einer Abnahme der Spurhöhe um ein Drittel.

Die Signifikanz des Einflusses der Prozessparameter auf das Ergebnis ist somit auch von den Randbedingungen im Prozess abhängig.

Der Pulvermassenstrom wirkt sich in erster Linie auf das Gesamtvolumen der Einzelspurnaht aus, solange ausreichend Energie zum Aufschmelzen des Materials vorliegt. Bei steigendem Pulvermassenstrom wird ein signifikanter Anstieg der Höhe von Einzelspuren beobachtet, während die Spurbreite gleich bleibt [GOO-17] oder leicht abnimmt [AHS-11B]. Der Pulvermassenstrom steht dabei in starker Wechselwirkung mit der Einschmelztiefe im Substrat. Somit ergeben sich bei geringen Volumenströmen eine hohe Einschmelztiefe und sehr flache Spurausprägungen, wohingegen bei steigendem Pulvermassenstrom ab einem werkstoffabhängigen Grenzwert die Spurbreite abnimmt und sich letztlich im Kontaktpunkt zum Substrat einschnürt [SCH-98], [KRE-95]. Es wird im Querschnitt zwar eine Verringerung der Schmelzbadtiefe mit steigendem Pulvermassenstrom identifiziert, allerdings wird in [SHA-10] experimentell nachgewiesen, dass sich die Schmelzbadlänge dabei erhöht und einen positiven Effekt auf die Oberflächenrauigkeit hat. Aus den Untersuchungen in [WIT-14] ist darüber hinaus zu entnehmen, dass zur Steigerung der Auftragrate durch die Erhöhung des Pulvermassenstroms zwar auch mehr Energie benötigt wird, dies aber nicht im linearen Zusammenhang steht. Es wird auf die Mehrfachreflexion in der dichteren Pulverwolke bei einem Anstieg des Pulvermassenstroms verwiesen, sodass für die doppelte Auftragrate nicht zwangsläufig eine Verdopplung der Streckenenergie notwendig ist.

Die Prozessparameter Laserstrahldurchmesser und Schutzgasstrom haben ebenfalls einen Einfluss auf die Spurausprägung. Der Laserstrahldurchmesser beeinflusst dabei maßgeblich die Breite des Schmelzbades und wirkt sich bei Vergrößerung auch positiv auf den Pulverwirkungsgrad aus. Der Laserstrahldurchmesser wird in der Regel allerdings nicht innerhalb des Prozesses angepasst, da ein quadratischer Zusammenhang mit der Intensität der Laserleistung vorliegt. Eine Prozessparameteroptimierung wird daher mit einem konstanten Laserstrahldurchmesser durchgeführt. Eine Ausnahme stellt die Hülle-Kern-Strategie dar. Hierbei finden zwei voneinander unabhängige Parametersätze Anwendung, um die Außenkontur und Füllfläche nacheinander aufzuschweißen [ZHO-19].

Der Schutzgasstrom soll primär das Schmelzbad vor der Aufnahme von Elementen aus der Umgebungsatmosphäre schützen. Dabei kühlt das Gas jedoch auch die Bauteiloberfläche durch die erzwungene Konvektion ab und beeinflusst darüber hinaus die Pulverstrahlkaustik. Mit steigendem Gasfluss erhöht sich die Abkühlgeschwindigkeit, was zu einem kürzeren und schmaleren Schmelzbad führt [SHA-10].

Die Einflussfaktoren auf den Laser-Pulver-Auftragschweißprozess sind wie dargestellt sehr umfangreich. Die vorangehende Beschreibung beschränkt sich dabei auf die Einflussfaktoren derjenigen Prozessparameter, die für eine Nachvollziehbarkeit der Korrelationen zur Geometrieausprägung von Einzelspuren erforderlich sind. Die dargestellten

Korrelationen werden in der Literatur überwiegend unter vereinfachten Bedingungen untersucht und sind damit nicht unmittelbar über den Labormaßstab hinaus auf industrielle Anwendungen übertragbar. Neben den rein prozessinduzierten Einflussfaktoren zeigen erste Untersuchungen darüber hinaus eine Abhängigkeit der Geometrieausprägung auch von weiteren (thermischen) Randbedingungen und der Systemtechnik. Um ein allgemeingültiges Modell für die Prozessauslegung zu entwickeln, ist es jedoch erforderlich, die Realbedingungen für das jeweilige Bauteil hinreichend zu berücksichtigen.

### 2.1.4    Prozessauslegung

Die Prozessauslegung startet bereits mit dem Bauteildesign, da hier etwaige Trennebenen im Bauteil festgelegt werden und daraus folgend eine oder mehrere Aufbaurichtungen resultieren. Wie in Abschnitt 2.1.1 beschrieben, wird das Bauteil anschließend in einzelne Schichten zerlegt und für jede dieser werden die Prozessparameter und die Bewegungspfade definiert. Die Gesamtheit an Möglichkeiten, den Prozess im Detail auszulegen, lässt sich an dieser Stelle jedoch nicht abbilden. In diesem Abschnitt liegt der Fokus daher auf den grundlegenden Möglichkeiten, zu welchem Zeitpunkt der Prozess ausgelegt werden kann. Hierfür wird zunächst, wie in Abbildung 2.8 dargestellt, zwischen <u>vor</u> dem Prozess, <u>während</u> des Prozesses und <u>nach</u> dem Prozess differenziert.

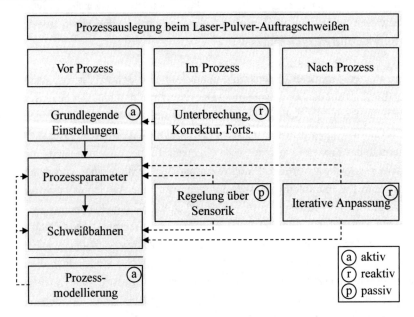

Abbildung 2.8:           Grundlegende Einteilung der Möglichkeiten, den LPA-Prozess vor dem Prozess, während des Prozesses und nach dem Prozess auszulegen oder anzupassen

Grundsätzlich sind alle notwendigen Einstellungen <u>vor dem Prozess</u> zu definieren. Hierzu zählen zum Beispiel die zuvor erläuterten Prozessparameter, die idealerweise auf einem optimierten Einzelspurparameter basieren. Darüber hinaus ist auch die Aufbaustrategie in jeder Lage zu definieren. So können unterschiedliche Ansätze verfolgt werden, ein flächiges Füllmuster zu realisieren. Uni- oder bidirektionale Schweißpfade, Mäander, Spiralen oder weitere Bewegungsbahnen sind dabei möglich und haben unterschiedliche Vor- und Nachteile. An dieser Stelle wird auf die folgenden Quellen verwiesen, die sich im Detail mit diesen Strategien und generell der Auslegung von Bauteilen mittels DED beschäftigen [DAI-02], [FOR-10], [YU-11], [EWA-20], [ASTM-F3413].

Die Herausforderung, die sich bei den grundlegenden Einstellungen vor dem Prozess ergibt, stellt die einleitend beschriebene Motivation für diese Arbeit dar. Die Definition einer Prozess- und Parameterstrategie, basierend auf einer Einzelspur oder einem Einzelflächenversuch, berücksichtigt nicht potenzielle Änderungen, die sich erst im Verlauf des Prozesses ergeben. Ein Beispiel hierfür ist die zunehmende Temperatur über die Bauhöhe in Abhängigkeit des Bauteildesigns. Ist das Bauteil groß und sind die Abkühlgeschwindigkeiten ausreichend hoch, sodass nach jeder Lage ein ähnliches Temperaturniveau wie in der vorangegangenen Lage vorliegt, können konstante Parameter einen erfolgreichen Prozess ermöglichen.

Ändern sich die Randbedingungen signifikant, kann <u>im Prozess</u> bei aktiver Beobachtung durch den Bediener reagiert und der Prozess unter Umständen pausiert werden. In diesem Fall können beispielsweise Korrekturen am z-Offset vorgenommen und der Prozess kann fortgesetzt werden. Hierbei findet jedoch eine unkontrollierte Abkühlung des aufgebauten Materials statt, was geometrische und metallurgische Abweichungen im späteren Bauteil nach sich ziehen kann.

Eine zu bevorzugende Alternative im Prozess ist die Verwendung sensorbasierter Regelkreise. Sensoren, die beispielsweise die Schmelzbadtemperatur über Pyrometrie [BOD-01], [SAL-06], [LIE-09], [CAR-10], [GUO-16] oder den Bearbeitungsabstand mittels Lasertriangulation [BUH-18], [DON-19], [ERT-20], [TYR-20] messen, können symptombezogen in den Prozess eingreifen und beispielsweise die Laserleistung ohne Unterbrechung des Prozesses reduzieren oder den z-Offset anpassen. Neben den zusätzlichen Systemkosten kommen die weiteren Herausforderungen hinzu, dass hohe Kalibrierungsaufwände anfallen, es sich in der Regel um sensibles Messequipment handelt und der Bediener kein Wissen über die Ursache der Prozessinstabilität erhält.

<u>Nach dem Prozess</u> können Beobachtungen durch den Bediener und Daten von etwaigen zusätzlichen Messsystemen ausgewertet werden und über eine Iteration in eine neue Prozessstrategie einfließen. Jede weitere Versuchsschleife verursacht jedoch signifikant höhere Ressourcenkosten und Zeit in der eigentlichen Herstellung. Eine Produktion von Bauteilen in Losgröße 1 ist damit wirtschaftlich nicht realisierbar.

Eine weitere Möglichkeit vor dem Prozess ist es, diesen virtuell nachzubilden und über eine Simulation einzelne Zielgrößen zu optimieren respektive die grundlegenden Einstellungen bereits im Vorhinein an das Bauteil anzupassen. Dies hat den Vorteil, dass keine zeit- und kostenintensiven Vorversuche durchgeführt werden müssen und wenig bis kein Ausschuss entsteht. Simulationen erfordern jedoch oftmals eine hohe Rechenleistung und lange Rechenzeiten. Weiterhin fehlt in der aktuellen Literatur teilweise die Kopplung zwischen der Modellierung spezifischer Prozessphänomene und einer daraus abgeleiteten Prozessstrategie. Hierauf wird im Abschnitt 2.1.5 im Detail eingegangen und bestehende Ansätze in der Literatur werden dargestellt.

## 2.1.5    Modellierungsansätze

Bei der Modellierung und Simulation wird ein realer Prozess so weit wie nötig in einem virtuellen Modell nachgebildet und die physikalischen Vorgänge in einer Simulationsumgebung werden mathematisch beschrieben. Dieses Modell soll die Realität stets zweckgebunden und vereinfacht darstellen. Der Detaillierungsgrad bestimmt zentral den mit der Simulation verbundenen Rechen- und damit Zeitaufwand.

Vor dem Hintergrund der dargestellten Prozessphänomene des Laser-Pulver-Auftragschweißens ist die Modellierung des Prozesses eine multiphysikalische Herausforderung und eine detaillierte Abbildung der Wirkmechanismen kann zu hohen Rechenzeiten führen. In diesem Abschnitt werden daher zunächst die relevanten Randbedingungen für eine Modellierung des Prozesses genauer beschrieben. Abschließend werden die in der Literatur bestehenden Ansätze für die Modellierung des LPA zusammengefasst, um mögliche Vereinfachungen und Vorgehensweisen zur Reduzierung des Rechenaufwands bereits vorab zu bestimmen.

Der Fokus wird hierbei auf die Modellierung der thermischen Prozessausprägung gelegt, da ein solches Modell die Zielstellung dieser Arbeit bildet. Weitere Mechanismen wie die thermo-mechanische Kopplung sind für den Prozess nicht weniger relevant, jedoch ist deren Implementierung nicht Gegenstand dieser Arbeit.

### 2.1.5.1    Grundlagen der Wärmeübertragung

Der Wärmeatlas vom Verein Deutscher Ingenieure (VDI) beschreibt ausführlich die Grundlagen der Wärmeübertragung [VDI-13]. Nachfolgend werden die notwendigen Formeln und Randbedingungen der Wärmeübertragung für diese Arbeit im Kontext des LPA zusammengefasst. Sofern nicht anders ausgewiesen, basieren diese Formeln und Beschreibungen entsprechend auf dem VDI Wärmeatlas.

Die Wärmeübertragung wird in unterschiedliche Wirkmechanismen gegliedert und kann je nach Anwendung auch vereinfacht werden. Es ist zu unterscheiden in Wärmeleitung zwischen Festkörpern (Konduktion), Festkörper und Fluid (Konvektion) sowie der Wärmeübertragung durch Strahlung. Bei der Konvektion wird darüber hinaus noch zwischen der freien (ruhende Fluide) und erzwungenen Konvektion (strömende Fluide) differenziert. Während im ersten Fall rein die Temperaturdifferenz zwischen zwei Körpern oder Fluiden einen Wärmestrom erzeugt, findet eine erzwungene Konvektion bei sich bewegenden Medien wie beispielsweise der Schutzgasströmung beim LPA statt.

Nach dem zweiten Hauptsatz der Thermodynamik wird die Wärmemenge dabei stets von dem wärmeren zum kälteren Element transportiert. Die Wärmemenge $Q$ pro Zeiteinheit $t$ bildet den Wärmestrom $\dot{Q}$ und ist die Grundgleichung für die weiteren Betrachtungen:

$$\dot{Q} = \frac{dQ}{dt} \qquad\qquad 2.5$$

Beim LPA sind die drei beschriebenen Wärmeübertragungsmechanismen zu berücksichtigen. In Abbildung 2.9 ist schematisch der Querschnitt einer aufgeschweißten Einzelspur dargestellt, der die Wechselwirkung zum Substrat und zur Umgebung veranschaulicht.

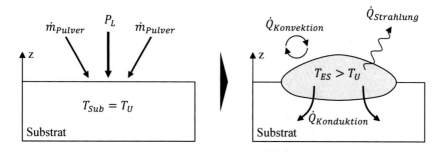

Abbildung 2.9:    Schematische Darstellung der Wärmeströme $\dot{Q}$ im Einzelspurquerschnitt nach deren Realisierung durch die Einbringung von Laserenergie $P_L$ und Pulvermaterial $\dot{m}_{Pulver}$

Bei der Konduktion findet die Wärmeleitung durch kinetische Stöße der im Material befindlichen Moleküle statt. Der materialspezifische Stoffwert Wärmeleitfähigkeit $\lambda$ beschreibt dabei die Fähigkeit eines Festkörpers, einer Flüssigkeit oder eines Gases, die Wärme weiterzugeben. Bekannt als das Fouriersche Gesetz kann damit lokal die Wärmeleitung in Richtung der Ortkoordinate $x$ beschrieben werden:

$$\dot{q}_{kond} = -\lambda \frac{\partial T}{\partial x} \qquad\qquad 2.6$$

Werden die Materialeigenschaften als isotrop vorausgesetzt, lässt sich ein linearer Zusammenhang zwischen der Temperaturdifferenz und der Konduktion herleiten:

$$\vec{q}_{kond} = -\lambda \, grad \, T \qquad\qquad 2.7$$

Der Wärmestrom $\dot{Q}_{kond}$ lässt sich über die Beziehung zur Wärmestromdichte $\dot{q} = d\dot{Q}/dA$ je nach Anwendungsfall der Wärmeübertragung bestimmen. So ergibt sich im einfachsten Fall der Wärmestrom an einer ebenen Wand der Dicke $d$ und Fläche $A$:

$$\dot{Q}_{kond} = \lambda A \frac{T_1 - T_2}{d} \qquad\qquad 2.8$$

Analog zur Konduktion findet auch der Energietransport bei der Konvektion proportional zu der Differenz der Temperaturen statt. Jedoch entsteht eine komplexe Abhängigkeit der Wärmestromdichte von dem Strömungs- und Stoffprofil des Fluids. Letzteres ist in dem sogenannten Wärmeübergangskoeffizienten $\alpha$ zusammengefasst, was die Grundgleichung vereinfacht:

$$\dot{q}_{konv} = \alpha \Delta T \qquad\qquad 2.9$$

Der Wärmestrom kann auch hier über die Fläche, an der die Konvektion stattfindet, beispielsweise eine Wand der Fläche A zum umgebenden Fluid, beschrieben werden:

$$\dot{Q}_{konv} = \alpha A (T_W - T_F) \qquad\qquad 2.10$$

Die Wärmeübertragung durch Wärmestrahlung unterscheidet sich von den vorangegangenen Mechanismen dadurch, dass sie nicht an Medien wie Festkörper oder Fluide gebunden ist, sondern sich über elektromagnetische Wellen ausbreitet. Der Effekt der Strahlung kann durch das Stefan-Boltzmann-Gesetz beschrieben werden:

$$\dot{q}_{str} = \sigma T^4 \qquad\qquad 2.11$$

Dabei ist die Energiestromdichte proportional zur vierten Potenz der Oberflächentemperatur und proportional zur Stefan-Boltzmann-Konstante $\sigma = 5{,}67 \times 10^{-8}\ \text{W/m}^2\text{K}^4$. Wie viel Strahlung von einem Körper ausgeht, bestimmen dessen Material- und Oberflächeneigenschaften und wird über den Emissionsgrad $\varepsilon$ beschrieben. Für die praktische Anwendung des Wärmestroms einer an die Umgebung abstrahlenden Oberfläche A vereinfacht das Kirchhoffsche Gesetz die Beziehung zu:

$$\dot{Q}_{str} = \varepsilon \sigma A (T_W^4 - T_U^4) \qquad\qquad 2.12$$

Die Wärmeübertragung findet in der realen Betrachtung des Laser-Pulver-Auftragschweißens jedoch nicht nur in einer erwärmten Naht wie in Abbildung 2.9 vereinfacht aufgezeigt statt. Ausgehend von der Laserstrahlung als Primärquelle des Energieeintrags $\dot{Q}_L$, lässt sich für $t \to \infty$ die folgende Energiebilanz aufstellen:

$$0 = \sum_{i=1}^{n} \dot{Q}_i, \text{sodass}$$

2.13

$$\dot{Q}_L = \dot{Q}_{LPI} + \dot{Q}_{LSI} + \dot{Q}_{kond} + \dot{Q}_{konv} + \dot{Q}_{str}$$

$\dot{Q}_{LPI}$ und $\dot{Q}_{LSI}$ stellen hierbei die Laser-Pulver- und Laser-Substrat-Interaktion dar. Eine genauere Beschreibung der Energiebilanz und wie diese in der Systemgrenze beim Laser-Pulver-Auftragschweißen beschrieben werden kann, wird in Abschnitt 5.5.1.1 behandelt. Die Aufstellung der Energiebilanz kann beliebig detailliert dargestellt werden, sollte aber stets in Relation zur Zielstellung betrachtet werden.

### 2.1.5.2 Ersatzwärmequelle

Die eingebrachte Laserstrahlung beim LPA ist die Primärquelle für die in das betrachtete System eingebrachte Energie, und damit auch für die Temperaturverteilung. Die detaillierte Modellierung des Laserstrahls selbst ist möglich, für diese Arbeit jedoch aufgrund der komplexen physikalischen Wechselwirkungen nicht zielführend. Es wird daher in der Regel bei der Simulation des LPA auf eine Ersatzwärmequelle zurückgegriffen, die die Energieeinbringung des Laserstrahls vereinfacht nachbildet.

In der Literatur bestehen verschiedene mathematische Modelle, um den Energieeintrag zu beschreiben. Die meisten dieser Modelle basieren dabei auf einer Gauß-Verteilung, um die entsprechende Laserstrahlintensität nachzubilden. Zhang et al. fassen die möglichen Ersatzwärmequellen für einen laseradditiven Prozess übersichtlich zusammen [ZHA-19]. Der Energieeintrag auf einer Oberfläche wird mit dem folgenden Ansatz beschrieben:

$$q_0 = \frac{2P_L}{\pi r_L^2} e^{-\frac{2r_f^2}{r_L^2}}$$

2.14

Hierbei wird die Intensität eines Laserstrahls mit $I_0 = P_L/A_L$ über dessen Radius verteilt, sodass im Zentrum die höchste und am Rand des Laserstrahldurchmessers die geringste Intensität vorliegt. Dies ist eine hinreichende Näherung für Laserstrahlquellen, die eine Gauß-Verteilung aufweisen, jedoch wird hierbei der Energieeintrag in das Bauteilinnere nicht berücksichtigt, wodurch das Modell stark vereinfacht ist.

Ein erweitertes mathematisches Modell beschreibt die hemisphärische Wärmequelle basierend auf einer dreidimensionalen Gauß-Verteilung. Hierbei findet eine symmetrische Wärmeeinbringung um das Zentrum des Lasers statt (vgl. Abbildung 2.10 links):

$$q_0 = \frac{6P_L}{\pi\sqrt{\pi}r_L^3} e^{-\frac{3r_f^2}{r_L^2}}$$

2.15

Für die Modellierung ist diese Darstellung vorteilhaft, da sie richtungsunabhängig bewegt wird und damit vor allem für Meso- und Makro-Simulationsmodelle geeignet ist. Die Temperaturausbildung bei bewegten Wärmequellen ist in der Regel allerdings nicht symmetrisch, daher wurde von Goldak et al. bereits 1984 eine doppelelliptische Wärmequelle zur Beschreibung von Schweißprozessen entwickelt [GOL-84]. Die beiden Ellipsenanteile werden beschrieben durch:

$$q_f(x,y,z) = \frac{6\sqrt{3}\,a_f\,P_L}{\pi\sqrt{\pi}\,a\,b\,c}\,e^{-3\left(\frac{x^2}{a^2}+\frac{y^2}{b^2}+\frac{z^2}{c^2}\right)}$$

$$q_r(x,y,z) = \frac{6\sqrt{3}\,a_r\,P_L}{\pi\sqrt{\pi}\,a\,b\,c}\,e^{-3\left(\frac{x^2}{a^2}+\frac{y^2}{b^2}+\frac{z^2}{c^2}\right)}$$

2.16

Die sogenannte Goldak-Wärmequelle wird bereits auch für die Simulation von Auftragschweißprozessen herangezogen und erzielt dabei eine hohe Übereinstimmung zu den korrespondierenden Experimenten [HEI-14], [GOU-15].

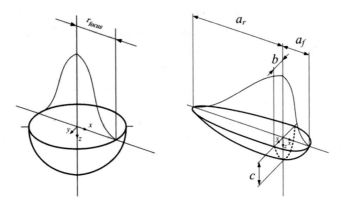

Abbildung 2.10:     Schematische Darstellung der hemisphärischen Wärmequelle (links) und der doppelelliptischen Goldak-Wärmequelle (rechts) [ZHA-19]

Mit zunehmender Detaillierung der Ersatzwärmequelle steigt in der Regel jedoch auch die Rechenzeit der Simulation an. Daher ist bei der Modellierung des Prozesses abzuwägen, welcher Detaillierungsgrad eine hinreichende Beschreibung der Wärmeeinbringung erzielt.

### 2.1.5.3   Netzelemente

Für die numerische Berechnung des Temperaturfeldes werden Näherungsfunktionen angewendet, die mit den Anfangs- und Randbedingungen versehen die Temperaturverteilung im Bauteil berechnen. Hierfür muss die zu berechnende Geometrie in diskrete Elemente unterteilt werden (Vernetzung). Je nach Anwendungsfall werden unterschiedliche Netzelemente mit unterschiedlich vielen Freiheitsgeraden verwendet. Die Ecken an den Elementen werden als Knoten bezeichnet und sind über diese mit den anderen Netzelementen verbunden. Hierbei gilt generell: Je mehr Netzelemente für eine Geometrie verwendet werden, d. h., je kleiner diese Elemente definiert werden, desto höher ist der Rechenaufwand. Gleiches gilt für die Komplexität der Elemente und deren Freiheitsgerade.

Für die Betrachtung von dreidimensionalen Wärmeübertragungsvorgängen werden Volumenelemente für die Vernetzung verwendet. Unterschiedliche Formen der Volumenelemente beeinflussen auch das Ergebnis. Hexaederelemente liefern dabei die höchste Genauigkeit in dieser Anwendung. Jedoch lassen sich nicht alle Geometrien mit diesen Elementen vernetzen. So muss bei komplexen Geometrien oder solchen, bei denen die Vernetzung mit Hexaederelementen zu starken Verzerrungen des Netzes führen würde, auf Tetraeder- oder Prismaelemente zurückgegriffen werden. [LEW-04], [MIN-06]

Eine weitere Besonderheit bildet die Anzahl der Knoten auf den jeweiligen Elementen. Lineare Elemente haben auf ihren Eckpunkten einen Knoten. Die gleichen Elemente lassen sich aber mit weiteren Seitenmittenknoten zu Elementen mit quadratischer Ansatzfunktion erweitern. Bei gleicher Elementanzahl können mehr Knotenpunkte zu einer Genauigkeitssteigerung des Ergebnisses führen, jedoch gehen diese in jedem Fall mit einer erhöhten Rechenzeit einher. [KLE-15]

In der betrachteten Anwendung entstehen hohe Temperaturgradienten. Daher ist bei der Modellierung sehr genau darauf zu achten, ob die Anzahl der linearen Elemente erhöht oder auf quadratische Elemente zurückgegriffen werden muss.

### 2.1.5.4 Bestehende Modellierungsansätze

Das LPA-Verfahren wird seit langer Zeit in der Forschung und Entwicklung betrachtet, sodass eine hohe Vielfalt an Veröffentlichungen zum Thema Simulation des Prozesses publiziert ist. Ziel dieses Abschnitts ist, eine Übersicht über die bestehenden Modellierungsansätze beim LPA darzustellen. Hierbei wird sich auf Modelle konzentriert, die die Simulation der Prozesstemperaturen als Fokus haben. Basierend auf dieser Übersicht soll identifiziert werden, ob es bereits bestehende Modelle auf Bauteilebene gibt, die wirtschaftlich für eine Prozessauslegung genutzt werden können.

In Tabelle 2.1 ist eine vereinfachte Übersicht über die zusammengefassten Modellierungsansätze aus der Literatur für die beiden betrachteten Werkstoffe dieser Arbeit dargestellt. Um diese besser differenzieren zu können, wird die Modellgröße in Einzelspur, Fläche, Volumen und Bauteil eingeteilt.

Tabelle 2.1:          Zusammenfassung der bestehenden Modellierungsansätze für die Werkstoffe In625 und Ti-6Al-4V für das Laser-Pulver-Auftragschweißen

| Quelle | Material | Modellgröße[1] | Simulierte Prozessgrößen[2] | Zielgröße[3] | Schnittstelle Prozessauslegung |
|--------|----------|----------------|------------------------------|---------------|-------------------------------|
| [GOU-15] | In625 | F | T | PO | – |
| [HEI-16] | In625 | V | D, S, T | VD | – |
| [NIN-20] | In625 | V | D, T | VD | – |
| [SCH-19] | In625 | ES | PTT, T | PO | Indirekt |
| [ZHA-21] | In625 | ES | M, T | VM | – |
| [AHS-11A] | Ti-6Al-4V | ES | G, M, SB | VG, VM | Indirekt |
| [BON-06] | Ti-6Al-4V | V | M, T | VM | – |
| [CHI-17] | Ti-6Al-4V | ES | T | VD | – |
| [HEI-18] | Ti-6Al-4V | V | D, S, T | VD | – |
| [KUM-14] | Ti-6Al-4V | F | G, T | VG | Indirekt |
| [MAR-14] | Ti-6Al-4V | V | M, S, SB, T | VD, VM | Indirekt |
| [MIR-18] | Ti-6Al-4V | ES | SB, T | PO | Indirekt |
| [MÖL-21] | Ti-6Al-4V | V | S, T | VD | – |
| [PEY-08] | Ti-6Al-4V | V | G, T | PO, VG | Indirekt |
| [PEY-17] | Ti-6Al-4V | V | G, T, M | VG, VM | Indirekt |
| [SUÁ-11] | Ti-6Al-4V | ES | M, T | VM | – |

[1] ES: Einzelspur; F: Fläche; V: Volumen; B: Bauteil.
[2] D: Deformation; G: Geometrieausprägung; M: Mikrostruktur; PTT: Partikeltemperatur und -trajektorie; S: Spannung; SB: Schmelzbadgeometrie und -temperaturen; T: Temperatur der Geometrie.
[3] PO: Parameteroptimierung; VD: Vorhersage Deformation; VG: Vorhersage Geometrie; VM: Vorhersage Mikrostruktur.

Durch die Beschränkung auf die beiden Werkstoffe wird eine Vielzahl von Veröffentlichungen zur Simulation beim LPA in der Tabelle nicht dargestellt. Der Großteil der Literatur bezieht sich auf die Edelstähle 1.4301 und 1.4404. Auch wenn diese nicht in der Tabelle dargestellt sind, finden sie bei materialunspezifischen Effekten für die Modellierung des LPA-Prozesses weiterhin Berücksichtigung.

Die Recherche ergibt, dass bei vielen Veröffentlichungen spezifische Prozessphänomene anhand von Einzelspuren untersucht werden. Diese Erkenntnisse werden anschließend größtenteils für eine Parameteroptimierung genutzt. Die Betrachtung auf Bauteilebene für diese Werkstoffe bleibt aus. Ebenso findet sich keine direkte Schnittstelle bzw. Rückkopplung zu einer Prozessauslegung in diesen Veröffentlichungen. Einige der Ergebnisse fließen indirekt über eine Optimierung der Parameter in die Prozessauslegung ein.

Peyre et al. veröffentlichen im Jahr 2017 ein vereinfachtes numerisches Modell für Ti-6Al-4V, das die Geometrie von dünnen Wänden voraussagen kann und über die Temperaturverteilung auch Rückschlüsse auf die Mikrostruktur zulässt [PEY-17]. In ihren Untersuchungen bilden sie die Entstehung der Wandstruktur mit ihrem Modell nach, jedoch fließen die Simulationsergebnisse nicht in eine rückgekoppelte Prozessauslegung ein. Weiterhin ist das Modell nur für zehn Lagen validiert worden und beschränkt sich auf dünne Wandstrukturen.

## 2.2 Werkstoffe beim Laser-Pulver-Auftragschweißen

Die Werkstoffauswahl für das LPA ist aufgrund der unterschiedlichen Anwendungsgebiete des Verfahrens vielfältig. Grundvoraussetzung ist das Vorliegen des Zusatzwerkstoffs in Pulverform, um zur Prozesszone gefördert zu werden. Speziell hochverschleißbeständige Materialien liegen oftmals nur in Pulverform vor, wodurch sich das LPA als Beschichtungsprozess anbietet und sich entsprechend etabliert hat [BAC-06]. Grundsätzliches Ziel bei der Werkstoffauswahl ist eine porenarme und rissfreie Auftragschweißschicht auf dem Grundkörper. Die Werkstoffpaarung kann hierbei artgleich oder artfremd sein und orientiert sich an den Anwendungsanforderungen an das Bauteil.

Nachfolgend werden die beiden Werkstoffe dieser Arbeit kurz vorgestellt. Bei der Zielgrößen- und Einflussfaktorenbeschreibung sind bereits einige materialspezifische Korrelationen beim LPA beschrieben (vgl. Abschnitt 2.1.2 und 2.1.3).

### 2.2.1 Nickellegierung 2.4856

Die Legierung mit der nach europäischer Normung vergebenen Werkstoffnummer 2.4856 ist eine Nickelbasislegierung, die eine breite Anwendung in der Beschichtung von Bauteilen findet. Die Werkstoffbezeichnung ist besser bekannt unter dem Markennamen Inconel 625 oder In625 der Firma Special Metals Corp. Im Verlauf dieser Arbeit wird auch die Abkürzung In625 verwendet und damit auf die genannte Werkstofflegierung verwiesen.

In625 weist neben einer hohen Zugfestigkeit von 820–1050 N/mm$^2$ sowie einer Korrosionsbeständigkeit gegenüber Mineralsäuren, organischen Säuren und Alkalien auch eine sehr gute Schweißbarkeit auf [EIS-91]. Bei einem Schmelzpunkt von 1350 °C können Einsatztemperaturen bis zu 982 °C realisiert werden [EIS-91]. Aus diesen Gründen wird In625 vielfach zur Beschichtung von Kohlenstoffstählen und Cr-Mo-Stählen verwendet [DUP-96]. Während die Korrosionsbeständigkeit bei hohen Temperaturen maßgeblich in der Chemie, Petrochemie, der Marine und der Nuklearindustrie relevant ist, kommt der Werkstoff auch zum Verschleißschutz bei hohen Temperaturen in Militär-, Luft- und Raumfahrtanwendungen zum Einsatz [THO-94], [COO-96]. Eine Übersicht über die Materialeigenschaften auf der Basis von Literaturwerten ist in Tabelle 2.2 dargestellt.

Tabelle 2.2:          Ausgewählte Materialeigenschaften der Legierung In625 (2.4856) bei
                      Raumtemperatur

| Materialeigenschaft | In625 | Quelle |
|---|---|---|
| Dichte $\rho$ | 8,44 g/cm$^3$ | [SPE-13] |
| Elastizitätsmodul $E$ | 207 GPa | [EIS-91] |
| 0,2 %-Dehngrenze $R_{p0,2}$ | 479 MPa | [EIS-91] |
| Zugfestigkeit $R_m$ | 965 MPa | [EIS-91] |
| Bruchdehnung $A_B$ | 54 % | [EIS-91] |
| Vickershärte HV | 230 HV | [THO-94] |
| Schmelztemperatur $T_{Li}$ | 1350 °C | [EIS-91] |
| Wärmeleitfähigkeit $\lambda$ | 9,8 W/m K | [SPE-13] |
| Wärmeausdehnungskoeffizient $\alpha_l$ | 12,8 ×10$^{-6}$/K | [SPE-13] |
| Spez. Wärmekapazität $c_p$ | 410 J/kg K | [SPE-13] |

Zum Beschichten können unterschiedliche Verfahren eingesetzt werden, die den Werkstoff in Pulver- oder Drahtform zuführen. Für das LPA muss der Werkstoff in sphärische Partikel verdüst werden. Typische Partikelgrößen befinden sich je nach verwendeter Systemtechnik in der Spanne von 15–150 µm. Für die Systemtechnik dieser Arbeit wird eine Pulverfraktion von 45–90 µm der Firma Höganäs AB verwendet. Die chemische Zusammensetzung des Pulvers ist in Abgleich mit den Literaturdaten aus Floreen et al. in Tabelle 2.3 dargestellt [FLO-94], [HÖG-18].

Tabelle 2.3:          Chemische Zusammensetzung der Nickelbasislegierung 2.4856 nach Floreen et al. und der Firma Höganäs AB für das Pulver AMPERWELD® Ni-SA 625 (Massenanteile in % angegeben)

| Quelle | Ni | Cr | Fe | Mo | Nb | C | Mn | Si | Al | Ti |
|---|---|---|---|---|---|---|---|---|---|---|
| [FLO-94] | > 58,0 | 20,0–23,0 | < 5,0 | 8,0–10,0 | 3,15–4,15 | < 0,1 | < 0,5 | < 0,5 | < 0,4 | < 0,4 |
| [HÖG-18] | Bal. | 20,0–23,0 | < 1,5 | 8,0–10,0 | 3,15–4,15 | < 0,03 | < 0,1 | < 0,15 | < 0,1 | < 0,1 |

Das Thermomanagement beim LPA hat einen Einfluss auf die Materialeigenschaften aufgrund der unterschiedlichen Abkühlraten im Prozess. In625 wurde als härtbare Mischkristall-Legierung entwickelt, die auch bei hohen Temperaturen eingesetzt werden kann. Durch eine gezielte Wärmebehandlung bilden sich Ausscheidungen, die zur Festigkeitssteigerung des Materials führen. Hierfür ist jedoch ein Temperaturniveau von mehr als 650 °C notwendig, das über mehrere Stunden aufrechterhalten werden muss [SUN-99], [MAT-08]. Die Abkühlgeschwindigkeiten beim LPA sind jedoch in der Regel sehr hoch. Beispielsweise haben Carcel et al. experimentell ermittelt, dass bei der Nickelbasislegierung In718 die Maximaltemperatur beim LPA bei 1950 °C liegt und bereits zwei Sekunden später auf 600 °C abgekühlt ist [CAR-10]. In Bezug auf den angesprochenen Wärmestau im Prozess ist dennoch darauf zu achten, dass die 650 °C nicht dauerhaft überschritten werden.

## 2.2.2    Titanlegierung 3.7164

Die Legierung mit der nach europäischer Normung vergebenen Werkstoffnummer 3.7164 ist eine Titanlegierung, die eine breite Anwendung im 3D-Druck findet. Die gängige Bezeichnung für diesen Werkstoff ist Titan grade 5 oder Ti-6Al-4V. Bei letzterer Nomenklatur muss jedoch darauf geachtet werden, dass es sich nicht um Titan grade 23, auch Ti-6Al-4V ELI (englisch für Extra Low Interstitial) genannt, mit der Werkstoffnummer 3.7165 handelt. In der Literatur wird diese Differenzierung häufig vernachlässigt, sodass in der Folge nicht nachvollziehbar ist, mit welchem Werkstoff genau gearbeitet wird. In der Luft- und Raumfahrt findet Titan grade 5 als Halbzeug in Form von Stäben, Profilen oder Drähten Anwendung. Speziell in der Medizintechnik darf jedoch nur Titan grade 23 verwendet werden, da bei dieser Legierung die chemischen Bestandteile Sauerstoff, Wasserstoff, Eisen und Aluminium noch geringer sind [LÜT-07]. Im Verlauf dieser Arbeit wird mit dem Werkstoff Titan grade 5 gearbeitet und fortan die Bezeichnung Ti-6Al-4V verwendet.

Der Werkstoff Titan und dessen Legierungen gehören aufgrund der Kombination aus sehr guten mechanischen Eigenschaften bei geringer Dichte und guter Korrosionsbeständigkeit zu den wichtigsten Materialien im Ingenieurwesen. Die am weitesten verbreitete Titanlegierung ist Ti-6Al-4V und findet vor allem in der Luft- und Raumfahrt, aber auch in der Medizintechnik sowie der Automobil- und Chemieindustrie breite Anwendung. Diese Legierung stellt weiterhin ca. 50 % der Weltproduktion von Titanlegierungen dar [PET-03]. Der Einsatz von Titan wird allerdings durch den hohen Erzeugungspreis sowie die Sauer- und Stickstoffempfindlichkeit bei hohen Temperaturen und die herausfordernde Zerspanbarkeit limitiert [DAV-14]. Eine Übersicht über die Materialeigenschaften auf der Basis von Literaturwerten ist in Tabelle 2.4 dargestellt.

Tabelle 2.4:        Ausgewählte Materialeigenschaften der Legierung Ti-6Al-4V (grade 5/3.7164) bei Raumtemperatur

| Materialeigenschaft | Ti-6Al-4V grade 5 | Quelle |
|---|---|---|
| Dichte $\rho$ | 4,43 g/cm$^3$ | [BOY-94] |
| Elastizitätsmodul $E$ | 110–140 GPa | [LEY-03] |
| 0,2 %-Dehngrenze $R_{p0,2}$ | 800–1100 MPa | [LEY-03] |
| Zugfestigkeit $R_m$ | 900–1200 MPa | [LEY-03] |
| Bruchdehnung $A_B$ | 13–16 % | [LEY-03] |
| Vickershärte $HV$ | 300–400 HV | [LEY-03] |
| Schmelztemperatur $T_{Li}$ | 1655±15 °C | [LÜT-07] |
| Wärmeleitfähigkeit $\lambda$ | 7 W/m K | [WEA-88] |
| Wärmeausdehnungskoeffizient $\alpha_l$ | $9 \times 10^{-6}$/K | [WEA-88] |
| Spez. Wärmekapazität $c_p$ | 580 J/kg K | [WEA-88] |

Die Legierung Ti-6Al-4V weist bei Raumtemperatur ein zweiphasiges α+β-Gefüge auf. Die Kristallstruktur liegt in der $\alpha$-Phase als hexagonal dichteste Packung (hdP) vor und wird durch den Zusatz von Aluminium stabilisiert. Die $\beta$-Phase weist hingegen eine kubisch raumzentrierte Kristallstruktur auf und wird durch das Element Vanadium stabilisiert [LEY-03].

Analog zu In625 wird auch dieser Werkstoff als pulverförmiges Zusatzmaterial im LPA verwendet. Die Partikelgrößenverteilung ist dabei teilweise zwischen den Anbietern unterschiedlich ausgewiesen. Das Pulver für Ti-6Al-4V wird von Tekna ASA verwendet und ist in Tabelle 2.5 im Abgleich zu den Literaturdaten nach Boyer et al. dargestellt [BOY-94], [TEK-18].

Tabelle 2.5:          Chemische Zusammensetzung der Legierung Ti-6Al-4V (grade 5/3.7164)
                      nach Boyer et al. und der Firma Tekna ASA für das Pulver TEKMAT™
                      Ti64-105/45-G5 (Massenanteile in % angegeben)

| Quelle | Ti | Al | C | Fe | H | N | O | V |
|--------|-----|------------|--------|--------|---------|--------|--------|------------|
| [BOY-94] | Bal. | 5,5–6,75 | < 0,08 | < 0,3 | < 0,015 | < 0,05 | < 0,2 | 3,5–4,5 |
| [TEK-18] | Bal. | 6,46 | 0,011 | 0,191 | 0,001 | 0,02 | 0,104 | 4,13 |

Die Abkühlraten aus der schmelzflüssigen Phase haben bei Ti-6Al-4V einen signifikanten Einfluss auf die Mikrostruktur, und damit auch auf die Werkstoffeigenschaften. Yu et al. zeigen, dass beim LPA von Ti-6Al-4V Abkühlgeschwindigkeiten von bis zu $10^6 \,°C/min$ auftreten können [YU-12], während bereits ab $410 \,°C/s$ die vollständige Ausbildung einer martensitischen Mikrostruktur beobachtet wird [AHM-98]. Das entstehende $\alpha'$-Martensit zeichnet sich durch eine feinnadelige Mikrostruktur aus, die zwar zu einer hohen Festigkeit des Materials beiträgt, dabei jedoch auch die Duktilität des Materials stark reduziert [LÜT-07].

Eine weitere Herausforderung beim LPA ist die Affinität des Werkstoffs zur Sauerstoffaufnahme bei hohen Temperaturen. Nach Dai et al. liegt die Einsatztemperatur von Ti-6Al-4V bei 300–400 °C, bei der keine Sauerstoffaufnahme stattfinden darf [DAI-16]. Allerdings ist selbst bei einer Temperatur von 600 °C erst nach mehreren Stunden eine Sauerstoffaufnahme bei Ti-6Al-4V nachweisbar [GUL-09]. Eine fehlende Schutzgasabdeckung in der Abkühlung aus der schmelzflüssigen Phase hat jedoch in der Regel eine irreversible Einlagerung von weiteren Sauerstoffatomen und anderen Verunreinigungen (N, C) in der Gitterstruktur des Materials zur Folge [EBE-19]. Der zusätzlich eindiffundierte Sauerstoff erhöht die Festigkeit des Materials und reduziert dabei signifikant die Zähigkeit der Legierung [MCK-56]. Weiterführende Untersuchungen zur Auswirkung der Sauerstoffaufnahme auf Ti-6Al-4V sind in [KAH-86], [OH-11] veröffentlicht.

# 3 Zielstellung und methodisches Vorgehen

Das Laser-Pulver-Auftragschweißen zum Beschichten und Reparieren, aber speziell in der Verwendung als 3D-Druck-Verfahren, ist nach heutigem Stand der Technik nicht hinreichend reproduzierbar und das Ergebnis damit nicht vorhersagbar. Wie im Stand der Technik gezeigt, nehmen verschiedene Faktoren Einfluss auf die Qualität des herzustellenden Bauteils sowie die Stabilität des Prozesses.

In diesem Kapitel werden auf Grundlage der beschriebenen Zielgrößen und der Einflussfaktoren beim LPA die notwendigen Handlungsfelder abgeleitet. Hierfür werden die beschriebenen Beobachtungen in eine Arbeitshypothese überführt. Abschließend wird dargestellt, wie die Lösungsmethodik in Form eines Flussdiagramms aussieht und welche wissenschaftlichen Aufgabenstellungen sich für diese Arbeit daraus ableiten lassen. Das Vorgehen ist schematisch in Abbildung 3.1 dargestellt.

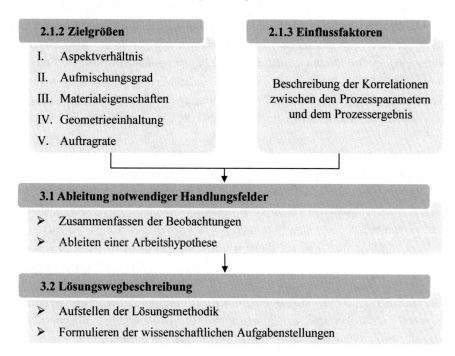

Abbildung 3.1:     Darstellung der methodischen Vorgehensweise für die Formulierung der wissenschaftlichen Aufgabenstellungen dieser Arbeit

## 3.1 Ableitung notwendiger Handlungsfelder

Das Laser-Pulver-Auftragschweißen ist, speziell in Bezug auf den 3D-Druck, Fokus vieler wissenschaftlicher Arbeitsgruppen. Es können über die letzten Jahre deutliche

© Der/die Autor(en), exklusiv lizenziert an
Springer-Verlag GmbH, DE, ein Teil von Springer Nature 2023
M. Heilemann, *Temperaturadaptive Prozessauslegung für das
Laser-Pulver-Auftragschweißen*, Light Engineering für die
Praxis, https://doi.org/10.1007/978-3-662-68207-4_3

Fortschritte in der Stabilisierung des Prozesses beobachtet werden und damit einhergehend konnten erste wirtschaftliche Anwendungen für dieses Verfahren erschlossen werden.

Die Betrachtung der Zielgrößen und Einflussfaktoren unter Berücksichtigung be-
stehender Literatur zeigt allerdings auch, dass im Prozess komplexe Wechselwirkungen
vorliegen, die die Anwendungsentwicklung kostenintensiv machen und in der Regel lang-
jähriges Expertenwissen voraussetzen. Die zentralen Zielgrößen in diesem Zusammenhang sind hierbei die Einhaltung der geforderten Bauteileigenschaften und die angestrebte
Geometrieausbildung.

Das Ziel dieser Arbeit sind daher die Herleitung einer Methodik und die Entwicklung entsprechender Werkzeuge, um eine Vorhersage des Prozessergebnisses zu ermöglichen. Im Gegensatz zu der sensorgestützten Prozessregelung wird in dieser Arbeit der
Ansatz verfolgt, die Prozessphänomene im Vorhinein evaluiert zu haben und daran angepasste Aufbaustrategien auszulegen. So sollen Kosten und Zeit in der Anwendungsentwicklung eingespart und die Qualität des Bauteils soll optimiert werden. Während sich
viele wissenschaftliche Arbeiten auf die resultierenden Materialeigenschaften beim LPA
konzentrieren, mangelt es in der aktuellen Forschung an einem allgemeingültigen Prozessmodell, das sich auf die Geometrieausprägung über die Einzelspur hinaus konzentriert.

Die unterschiedlichen Herausforderungen in der Einhaltung der beschriebenen (geometrischen) Zielgrößen sind zentral auf das Thermomanagement im Prozess zurückzuführen. So wird neben der Korrelation zwischen den prozessspezifischen Abkühlraten und
den Materialeigenschaften auch beobachtet, dass sich speziell die Einzelspurgeometrie im
Prozess verändert und einen signifikanten Einfluss auf das Prozessergebnis aufweist. Es
wird damit angenommen, dass die Bauteileigenschaften homogenisiert werden können,
wenn auch die thermischen Randbedingungen während des Prozesses homogenisiert werden. Da vollständig gleichbleibende thermische Randbedingungen in einem thermisch instationären Prozess nicht realisierbar sind, wird der Ansatz verfolgt, auf die sich ändernden
thermischen Randbedingungen mit einer adaptiven Prozessstrategie zu reagieren. Zusammenfassend lassen sich aus diesen Beschreibungen zwei Beobachtungen ableiten:

*Beobachtung 1: Die Ausprägung der Einzelspurgeometrie ist außer von den Prozesspa-
rametern, Material und Systemtechnik auch von den thermischen Randbedingungen
abhängig*

*Beobachtung 2: Die thermischen Randbedingungen sind zeit- und geometrieabhängig,
und damit bei jedem Bauteil individuell*

Um eine gleichbleibende Prozessstabilität bei unterschiedlichen Bauteilen zu ermöglichen, muss eine Methodik gefunden werden, die diese beiden Aspekte berücksich-

tigt. Nur dann kann eine Bauteilqualität mit dem LPA-Prozess wirtschaftlich erreicht werden. Für die vorliegende Arbeit wird aus diesen Beobachtungen die folgende Arbeitshypothese aufgestellt und soll im Verlauf dieser Arbeit verifiziert werden:

*Arbeitshypothese: Eine adaptive Prozessauslegung, welche die Wechselwirkung der Geometrie- und Prozessparameter mit dem instationären Temperaturfeld berücksichtigt, kann die Prozessstabilität und damit die Bauteilqualität erhöhen*

Es sind hierfür methodische Untersuchungen anzustellen, die zunächst die Auswirkung der thermischen Randbedingungen auf die Einzelspurgeometrie quantifizieren. Im Anschluss ist zu untersuchen, wie sich diese Randbedingungen über die Zeit verhalten und wie stark eine Abhängigkeit der Bauteilgeometrie beobachtet werden kann. Auf dieser Grundlage soll ein empirisches Modell abgeleitet werden, das genau beschreibt, wie sich der Prozess in Abhängigkeit der Temperatur verhält.

Darüber hinaus ist auch ein geeignetes Werkzeug zu entwickeln, den Prozess adaptiv auslegen zu können. Hierfür kann eine Simulation genutzt werden, die das zeitabhängige Temperaturfeld für beliebige Geometrien berechnet. Verknüpft mit dem empirischen Modell soll eine temperaturadaptive Prozessauslegung ermöglicht werden.

In Abbildung 3.2 ist dieser Ansatz anhand eines vereinfachten Beispiels schematisch dargestellt. In diesem Anwendungsfall einer Beschichtung ist die Zielgröße, eine homogene Schichtstärke durch die Überlagerung von Einzelspuren mit einem definierten Überlappungsgrad zu realisieren. Durch die instationären thermischen Randbedingungen, hier vereinfacht über $T_{0...n}$ dargestellt, ergeben sich nach der aufgestellten Arbeitshypothese die Abweichungen in der Einzelspurausprägung im Prozessverlauf und daraus folgend eine Verringerung der Prozessstabilität und Bauteilqualität. Ziel ist es, diesen Herausforderungen mit einer adaptiven Prozessstrategie entgegenzuwirken.

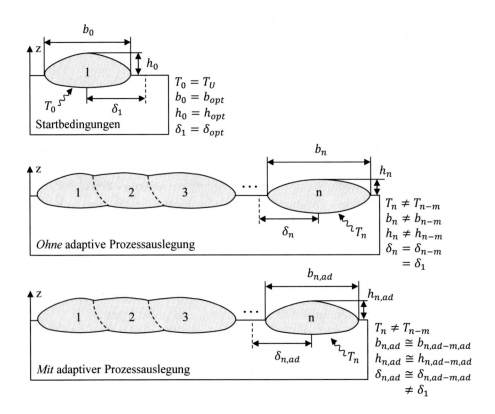

Abbildung 3.2:     Schematische Darstellung der Änderung der Einzelspurausprägung auf-
                   grund der instationären thermischen Randbedingungen über den Prozessver-
                   lauf. Die adaptive Prozessauslegung adressiert diese Änderungen unter Ver-
                   wendung temperaturabhängiger Geometrie- und Prozessparameter und soll
                   damit ein gleichbleibendes Auftragschweißergebnis ermöglichen.

## 3.2   Lösungswegbeschreibung

Vor der Darstellung des modelltheoretischen Ansatzes zur Auslegung des Laser-
Pulver-Auftragschweißprozesses mit adaptiven Geometrie- und Prozessparametern ist in
Abbildung 3.3 vereinfacht der Stand der Technik beim Auftragschweißen eines Bauteils
aufgezeigt. Dabei wird die Prozessstrategie für beliebige Bauteile auf Grundlage der optimierten Einzelspurparameter abgeleitet und angewendet. Dieser Ansatz berücksichtigt jedoch nicht die individuellen thermischen Randbedingungen des Bauteils und kann daher
zu Qualitätseinbußen oder zum Abbruch des Prozesses führen. Der praktische Versuch
muss entsprechend in vielen Fällen mehrfach wiederholt und die Prozessstrategie iterativ
angepasst werden.

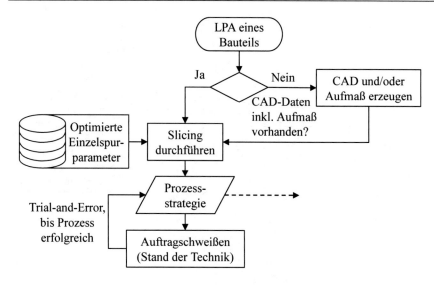

Abbildung 3.3:          Vereinfachter Ablauf der Prozesskette beim Laser-Pulver-Auftragschwei-
                        ßen nach heutigem Stand der Technik

In Abbildung 3.4 ist daran anknüpfend die Methodik dieser Arbeit, basierend auf
den Beobachtungen und der abgeleiteten Hypothese aus Abschnitt 3.1, dargestellt. Das
Modell zielt darauf ab, das Thermomanagement des Bauteils individuell zu optimieren.
Diese Optimierung findet iterativ, basierend auf der Simulation der Temperaturverteilung
$T(x, y, z, t)$ im Prozess und den darauf adaptierten Geometrie- und Prozessparametern
$b(T)$, $h(T)$, $P(T)$ und $v(T)$, statt. Das Zielkriterium in der Iterationsschleife ist die Homogenisierung des Temperaturfeldes $T_{n+1}(x, y, z, t)$. Dies ist erfüllt, wenn die Anpassung
der Geometrie- und Prozessparameter zu keiner weiteren Homogenisierung im Bauteil
führt. Es soll damit nach dem *First-Time-Right*-Prinzip erreicht werden, dass keine zusätzlichen Experimente notwendig sind, die optimale Prozessstrategie zu entwickeln. Das
Bauteil soll im ersten Versuch die erforderliche Qualität aufweisen. Es sollen dadurch Zeit
und Ressourcen in der Anwendungsentwicklung eingespart werden.

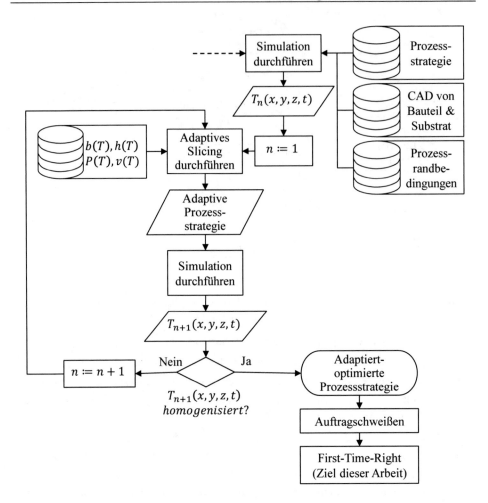

Abbildung 3.4:      Darstellung der an den Stand der Technik anknüpfenden Entwicklungsme-
                    thodik dieser Arbeit, bei der durch eine iterative Optimierung der Prozess-
                    strategie, basierend auf einer thermischen Simulation und empirisch ermit-
                    telten Geometrie- und Prozessparametern, ein First-Time-Right-LPA-Pro-
                    zess realisiert werden soll.

Auf Basis dieser entwickelten Methodik werden die folgenden wissenschaftlichen Aufgabenstellungen abgeleitet und im Rahmen der vorliegenden Arbeit untersucht:

I.   Optimierung der Prozessparameter beim LPA für Einzelspuren aus In625 und Ti-6Al-4V.

II.  Experimentelle Untersuchung der Korrelation zwischen der Ausprägung der Einzelspurgeometrie und den thermischen Randbedingungen.

III. Evaluierung der resultierenden Materialeigenschaften im LPA in Abhängigkeit der thermischen Randbedingungen.

IV.  Entwicklung eines Simulationsmodells zur Berechnung des zeitabhängigen Temperaturfeldes beim LPA beliebiger Geometrien.

V.   Ableitung einer Methodik und eines empirisch-numerischen Modells zur temperaturadaptiven Prozessauslegung beim LPA.

# 4 Anlagen- und Systemtechnik

Dieses Kapitel beinhaltet die Beschreibung der in dieser Arbeit angewandten Systemtechnik und erläutert den grundlegenden Aufbau der Versuche. Eine nähere Beschreibung der einzelnen Versuche erfolgt in den entsprechenden Abschnitten.

## 4.1 Anlagentechnik robotergestütztes Laser-Pulver-Auftragschweißen

Alle Versuche dieser Arbeit werden mit der robotergestützten Auftragschweißanlage TruDepositionLine der Firma Trumpf GmbH & Co. KG durchgeführt. Beim Laser-Pulver-Auftragschweißen stellen die Energiequelle, das Materialfördersystem, die Bearbeitungsoptik und die Handhabungseinheit die wesentlichen Systemkomponenten dar und werden daher im Folgenden näher vorgestellt.

### 4.1.1 Energiequelle

Als Energiequelle wird ein Yb:YAG-Scheibenlaser mit einer Wellenlänge von 1030 nm und einer maximalen Ausgangsleistung von 6 kW der Firma Trumpf GmbH & Co. KG verwendet. Mittels einer 100 µm-Faser sowie einer verstellbaren Laseroptik mit einer Brennweite von 150 mm und eines Abbildungsverhältnisses von 1 : 4 lassen sich die Fokusdurchmesser am Bearbeitungspunkt von 0,4–8 mm einstellen.

Die Intensitätsverteilung über den Laserstrahlquerschnitt hat einen signifikanten Einfluss auf den Energieeintrag im Prozess. Darüber hinaus beeinflusst die Kaustik des Laserstrahls, wie stark sich der Laserdurchmesser verändert, wenn der ideale Bearbeitungsabstand nicht mehr eingehalten wird. Daher wird für die Abstraktion der Energiequelle bei der Modellierung des Prozesses in Abschnitt 5.5.1.2 der Laserstrahl wie folgt vermessen.

Mit dem *FocusMonitor* der Firma Primes GmbH wird der Laserstrahl dreidimensional mit einer rotierenden Messspitze abgetastet. Das Messverfahren beruht dabei auf einem opto-mechanischen Messsystem. Durch eine Bohrung in der Messspitze wird ein Teil der Laserleistung auf eine Photodiode abgelenkt. Damit wird die Verteilung der Leistung über die Fläche sichtbar gemacht. Hieraus lässt sich das Intensitätsprofil im Querschnitt visualisieren. Die Messungen werden in einem Abstand von 16 mm zum Austritt der Prozessdüse durchgeführt, was dem Soll-Bearbeitungsabstand $a_{DS}$ im Prozess entspricht. Weiterhin wird der Laserstrahl über die Verschiebung der Fokusoptikposition (FOP) unterschiedlich defokussiert, um den Wert für die Strahldurchmesser der praktischen Versuche zu erhalten. Alle Messungen werden mit 1500 W durchgeführt.

Mit einer Fokusoptikposition von 17 mm wird ein Laserstrahldurchmesser von 2,086 mm gemessen. Weitere Messebenen oberhalb und unterhalb dieses Punktes erzeugen die Strahlkaustik des Lasers. Die Messergebnisse sind in Abbildung 4.1 dargestellt.

© Der/die Autor(en), exklusiv lizenziert an
Springer-Verlag GmbH, DE, ein Teil von Springer Nature 2023
M. Heilemann, *Temperaturadaptive Prozessauslegung für das
Laser-Pulver-Auftragschweißen*, Light Engineering für die
Praxis, https://doi.org/10.1007/978-3-662-68207-4_4

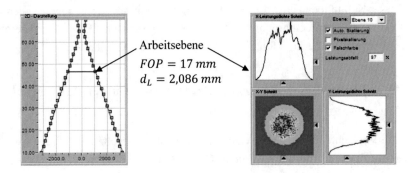

Abbildung 4.1:        Gemessene Laserstrahlkaustik an der Fokusoptikposition 17 mm (links) und
                      resultierender Laserstrahldurchmesser von 2,086 mm und Intensitätsvertei-
                      lung bei 1500 W im Soll-Bearbeitungsabstand 16 mm unterhalb der Pro-
                      zessdüse (rechts)

Der Laserfokus ist der Punkt mit dem geringsten Durchmesser. Er liegt bei der
Messung oberhalb der Arbeitsebene. Dies hat zur Folge, dass bei einer Verringerung des
Bearbeitungsabstandes ($a_{DS}$<16 mm) der Laserstrahldurchmesser kleiner und damit die
Intensität $I_0$ nach Gleichung 4.1 exponentiell höher wird:

$$I_0 = \frac{P_L}{\pi r_L^2} \quad \left[\frac{W}{m^2}\right] \qquad\qquad 4.1$$

Nach [POP-05] sollte zum Auftragschweißen eine Intensität von $10^3$–$10^4$ W/cm$^2$
angestrebt werden. Dieser Wertebereich wird gemeinsam mit den Messwerten des Lasers
als Grundlage für die Parametergrenzen bei der Einzelspuroptimierung verwendet.

## 4.1.2   Materialförderung

Alle Versuche werden mit einem Pulverförderer PF 2/2 der Firma GTV Verschleißschutz GmbH durchgeführt. Dieser basiert auf dem Prinzip einer rotierenden
Scheibe, über die das Pulvermaterial in einer Nut aufgenommen und kontinuierlich nach
einer halben Umdrehung über einen Abstreifer entnommen wird. Das Prinzip ist in Abbildung 4.2 vereinfacht skizziert.

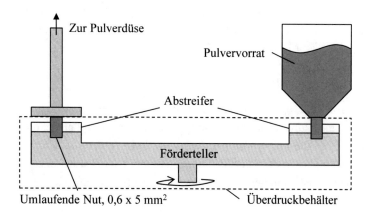

Abbildung 4.2:          Schematische Darstellung des Pulverförderprinzips über mechanische Ab-
                        streifer

Die Masse des geförderten Pulvers wird zum einen durch die Größe der Nut im
Teller, zum anderen über dessen Drehgeschwindigkeit, auch Tellerdrehzahl genannt, beeinflusst. Für alle Versuche dieser Arbeit wird eine Nut der Abmaße 0,6 x 5 mm² (Tiefe x
Breite) verwendet. Für unterschiedliche Pulvermassenströme wird ausschließlich die Tellerdrehzahl variiert.

Um das Pulver nicht vollständig mechanisch aus der Nut zu entnehmen, wird zu-
sätzlich ein Überdruck im Behälter durch Zuführung eines Fördergases erzeugt. Erreichen
die Pulverpartikel auf dem rotierenden Teller den Abstreifer, bildet sich ein Pulver-Gas-
Strom aus, der die Partikel bis zum Bearbeitungspunkt trägt. Um die Schmelzzone vor
Oxidation und anderen Reaktionen zu schützen, wird als Fördergas in der Regel ein inertes
Gas verwendet. Für alle Versuche dieser Arbeit wird Helium als Fördergas verwendet.
Helium bietet gegenüber dem kostengünstigeren Argon zwei wesentliche Vorteile bei den
Stoffeigenschaften als Fördergas. Zum einen weist Helium ein höheres Ionisierungspoten-
zial auf und verringert damit die Plasmabildung im Prozess, die die Laserstrahlung absor-
bieren kann [SCH-19]. Zum anderen bildet Helium weniger schnell Turbulenzen in der
Gasströmung aus. Durch die geringere Dichte ist die kinematische Viskosität von Helium
ca. neunmal größer als bei Argon [LID-04]. Dadurch strömt Helium vergleichsweise stabi-
ler und beim Düsenaustritt werden weniger Turbulenzen beobachtet. Dies kann sich beim
LPA negativ auswirken, da durch die geringe Querschnittsfläche beim Austritt des Pulver-
Gas-Stroms hohe Strömungsgeschwindigkeiten erreicht werden [SHE-94], was in der Regel mit Turbulenzen einhergeht [OER-15]. Der Fördergasstrom wird linear mit der Tellerdrehzahl angepasst. Bei einem höheren Pulvermassenstrom wird auch mehr Fördergas
verwendet.

Das System beinhaltet eine wesentliche Verschleißkomponente. Das Pulver wird
in die und aus der Nut über keramische Abstreifer gefördert. Durch einen mechanischen
Abrieb über die Pulverpartikel können diese Elemente ihre Genauigkeit verlieren und so
zu einem ungleichmäßigen Pulvermassenstrom führen. Neben dem Verschleiß ist auch die

Fließfähigkeit des Pulvers zu berücksichtigen. Geringere Pulverpartikelgrößen weisen in der Regel ein schlechteres Fließverhalten auf, was dazu führen kann, dass aus dem Pulvervorrat ungleichmäßig Pulver nachläuft.

### 4.1.3   Bearbeitungsoptik

Die Bearbeitungsoptik besteht aus zwei wesentlichen Elementen, einer Laserstrahloptik und einer Pulverdüse. In der Optik wird der Laserstrahl eingekoppelt, geformt und fokussiert. Über die Pulverdüse wird das geförderte Pulver zum Bearbeitungspunkt geführt und bildet damit in der Regel den untersten Punkt der Bearbeitungsoptik. Für alle Versuche wird eine diskontinuierlich-koaxiale Dreistrahl-Pulverdüse 3-JET-SO16-S vom Fraunhofer ILT verwendet.

Es wird zentrisch ein Gasstrom zum Schutz der optischen Komponenten vor Spritzern und Schmauch in Richtung Strahlengang eingestellt, der darüber hinaus auch das Schmelzbad vor Oxidation schützen soll. Für alle Versuche dieser Arbeit wird das inerte Schutzgas Argon verwendet.

Der Pulverfokus ist bei der Pulverdüse die zentrale Einflussgröße auf die Prozessstabilität. Da die Pulverstrom-Austrittsbohrungen bedingt durch den mechanischen Abrieb verschleißen, kann sich der Pulverfokus über die Nutzungsdauer unterschiedlich stark aufweiten. Die Auswirkung ist ein abnehmender Pulverwirkungsgrad und daraus resultierend ein geringerer Massenauftrag pro Zeiteinheit. In Abbildung 4.3 ist die verwendete Dreistrahldüse vor und nach der Rekonditionierung der Pulverstrom-Austrittsbohrungen nach ca. 400 Betriebsstunden dargestellt.

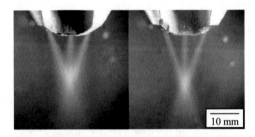

Abbildung 4.3:      Dreistrahl-Pulverdüse vor (links) und nach (rechts) der Rekonditionierung der Pulverstrom-Austrittsbohrungen nach ca. 400 Betriebsstunden. Als Resultat ist eine Verbesserung im Pulverfokus zu erkennen.

### 4.1.4   Handhabungseinheit und Peripherie

Als Handhabungseinheit für alle Versuche wird ein KUKA KR60 HA eingesetzt. Dieser 6-Achs-Industrieroboter weist ein 60 kg Handhabungsgewicht an der letzten Achse auf und zeichnet sich durch eine erhöhte Genauigkeit (HA: high accuracy) aus. Die Wiederholgenauigkeit bei diesem Modell liegt bei ±0,05 mm. Dies ist eine potenzielle Einflussgröße beim Auftragschweißen von 3D-Strukturen und fließt in die Auswertung der geometrischen Aufbaugenauigkeit mit ein.

Die Steuerung des Prozesses wird über die KUKA-Programmierung realisiert, die mit den restlichen Anlagenkomponenten verknüpft ist. Diese kann als Online-Programmierung, über das Teach-in-Verfahren, oder als Offline-Programmierung, über das textuelle Programmieren, realisiert werden. Für Letztere findet die Programmiersprache KUKA Robot Language (KRL) Anwendung. Für die Untersuchung unterschiedlicher Prozessstrategien mit variablen Parametern ist ein Teach-in-Verfahren aufgrund der Komplexität nicht mehr zielführend. Es werden daher unterschiedliche (Matlab-)Skripte entwickelt, die auf Basis der KRL-Programmiersprache die Roboterprogramme erzeugen.

## 4.2   Verwendete Pulverwerkstoffe

Die Art des Zusatzwerkstoffs und dessen Charakteristika haben einen wesentlichen Einfluss auf die Qualität der Beschichtung oder des gedruckten Bauteils. Hierbei kann zwischen dem Einfluss auf die resultierenden Materialeigenschaften und dem Einfluss auf die Prozessstabilität unterschieden werden. Auch vermeintlich identisches Pulver kann sich chargenabhängig im Prozess unterschiedlich verhalten und damit die Reproduzierbarkeit des Prozesses beeinflussen. Für eine nähere Untersuchung der Wechselwirkung zwischen Pulver-, Prozess- und Bauteilqualität wird an dieser Stelle auf die Fachliteratur verwiesen [GIB-10], [SLO-14], [QIA-15], [SEY-18]. Nachfolgend werden die in dieser Arbeit verwendeten Pulvermaterialien und deren Charakteristika kurz beschrieben und der Pulvermassenstrom wird bestimmt.

### 4.2.1   Nickellegierung 2.4856 (Inconel 625)

Der wie einleitend beschrieben für die Beschichtungsapplikationen stellvertretende Werkstoff dieser Arbeit ist In625. Die notwendigen Eigenschaften des Zusatzmaterials in Pulverform unterscheiden sich im Allgemeinen in Abhängigkeit des verwendeten Auftragschweißprozesses und der Anlagentechnik. Für das Laser-Pulver-Auftragschweißen wird in dieser Arbeit ein sphärisches In625-Pulver mit der Partikelgröße zwischen 45 und 90 μm der Firma Höganäs AB verwendet [HÖG-18].

Für jedes Pulvermaterial ist eine Vermessung des Pulvermassenstroms notwendig, da die charakteristischen Kenngrößen des Pulvers sich auf die Schüttdichte in der Nut des Tellerfördersystems auswirken und das Fließverhalten unterschiedlich ausfallen kann. Hierzu wird das Pulver über eine definierte Zeit von 60 s gefördert und an der Bearbeitungsoptik in einem abgeschlossenen Behältnis gesammelt. Vor und nach dem Fördern wird das Behältnis gewogen und daraus die Gewichtsdifferenz berechnet. Hieraus lässt sich die Pulverförderrate als Masse pro Zeiteinheit ableiten. Der Versuch wird mit unterschiedlichen Tellerdrehzahlen wiederholt, sodass eine Beziehung zwischen dem Pulvermassenstrom und der Tellerdrehzahl bestimmt werden kann. Laut Anlagenhersteller des

Pulverförderers liegt eine lineare Beziehung vor und die daraus resultierende Gerade muss
den Nullpunkt schneiden. Die Gleichung dient der Einstellung beliebiger Massenströme
für die Versuche. Es werden Messungen an vier unterschiedlichen Punkten durchgeführt
und zur statistischen Absicherung jeweils dreifach wiederholt. Die Messwerte sind in Abbildung 4.4 dargestellt.

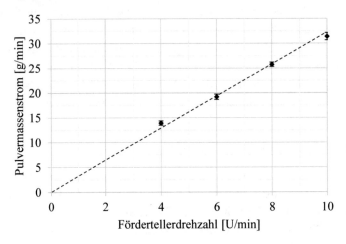

Abbildung 4.4:        Messergebnisse des Pulvermassenstroms der In625-Legierung mit der Partikelgrößenverteilung 45–90 µm bei einer Förderteller-Nut von 0,6 x 5 mm$^2$

## 4.2.2    Titanlegierung 3.7164 (Ti-6Al-4V grade 5)

Für die Anwendungen im 3D-Druck wird in dieser Arbeit die Titanlegierung Ti-6Al-4V grade 5 verwendet. Die Versuche werden mit dem sphärischen Pulver in der Größenverteilung 45–105 µm von der Firma Tekna SAS durchgeführt [TEK-18].

Die Messungen zum Pulvermassenstrom werden analog zur Nickelbasislegierung In625 durchgeführt und die Durchschnittswerte berechnet. Die Ergebnisse sind in Abbildung 4.5 dargestellt.

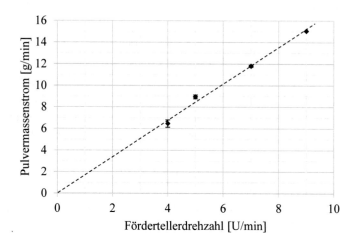

Abbildung 4.5:        Messergebnisse des Pulvermassenstroms der Ti-6Al-4V grade 5 Legierung
                      mit der Partikelgrößenverteilung 45-105 μm bei einer Förderteller-Nut von
                      0,6 x 5 mm²

## 4.3    Flexible Heizvorrichtung

Für eine exakte Bestimmung der Änderungen der Auftragschweißgeometrie in Abhängigkeit der thermischen Randbedingungen ist ein wiederholbares Versuchsumfeld notwendig. Der Effekt der sich aufstauenden Wärme im Mehrlagenschweißen soll daher
durch ein unterschiedlich hoch vorgeheiztes Substrat abstrahiert werden. Die Ergebnisse
werden damit untereinander vergleichbar und es kann ein konkreter Zusammenhang zwischen der Temperatur und der Einzelspurausprägung ermittelt werden.

### 4.3.1    Anforderungen und Auslegung

Die Temperatur zwischen den Lagen ist außer von den prozessbedingten Einflussfaktoren signifikant von der Geometrie des aufzuschweißenden Volumens abhängig. Die
höchste sogenannte Zwischenlagentemperatur stellt sich demnach bei sehr kleinen Geometrien ein, bei denen die einzelnen Lagen in kurzen Intervallen überschweißt werden.
Für die Versuche müssen Vorheiztemperaturen erreicht werden, die sich an den im
Prozess entstehenden Temperaturen orientieren. Der Schmelzpunkt von In625 liegt bei
1350 °C [EIS-91] und der von Ti-6Al-4V bei 1655 °C [LÜT-07]. Da sich die Untersuchungen auf die Oberflächentemperatur von aufgetragenem und bereits erstarrtem Material beziehen, wird eine Temperatur unterhalb dieser Schmelzpunkte benötigt. Carcel et
al. haben experimentell ermittelt, dass bei der Nickelbasislegierung In718 die Maximaltemperatur beim Laser-Pulver-Auftragschweißen bei 1950 °C liegt und 2 Sekunden später
die Temperatur auf 600 °C abgekühlt ist [CAR-10]. Yu et al. haben Abkühlgeschwindig-

keiten beim Laser-Pulver-Auftragschweißen von Ti-6Al-4V von bis zu $10^6$ °C/min ermittelt, wobei dies der Maximalwert ist und sich entsprechend schnell reduziert, wenn das Temperaturdelta zwischen Schmelzbad und Umgebung abnimmt [YU-12].

Zur Auslegung der Heizungskonstruktion sowie zur Definition des Temperaturintervalls für die Einzelspurversuche dieser Arbeit wird die Zwischenlagentemperatur in einem Experiment beispielhaft ermittelt. Ein Hohlwürfel mit der Kantenlänge 30 mm wird aus Ti-6Al-4V innerhalb von 360 s auftraggeschweißt. Ein vorlaufendes Pyrometer misst dabei kontinuierlich die Oberflächentemperatur des Materials. Nach 250 s stellt sich ein Maximalwert der Zwischenlagentemperatur bei ca. 800 °C ein. Hiermit wird der zu betrachtende Temperaturbereich zwischen Raumtemperatur 25 °C und 800 °C definiert, womit der Großteil der Anwendungen abgedeckt werden sollte.

Die Oberfläche der Heizung wird mit 250 x 250 mm$^2$ vorgesehen. Um hierbei eine Abschätzung der erforderlichen Heizleistung zu erhalten, wird folgende Annahme getroffen. Das Substrat wird an den Seiten thermisch isoliert und es findet keine Konvektion an der Oberseite statt. Da auf dem Substrat geschweißt werden soll, findet die Wärmestrahlung an die Umgebung statt. Die Heizleistung muss größer als diese Verlustleistung sein, um unter diesen Voraussetzungen die entsprechende Temperatur halten zu können. Der Wärmestrom für die Strahlung $\dot{Q}_{str}$ kann mit dem Stefan-Boltzmann-Gesetz somit vereinfacht nach Gleichung 2.12 berechnet werden:

$$\dot{Q}_{str} = \varepsilon \sigma A_1 (T_U^4 - T_O^4) \qquad\qquad 4.2$$

Für das beschriebene Substrat mit einer Fläche von $A_1 = 0{,}0625$ m$^2$ kann damit eine maximale Verlustleistung bei 800 °C Oberflächentemperatur abgeschätzt werden. Als Substrat für die Versuche mit In625 wird der nichtrostende Stahl 1.4401 mit gestrahlter Oberfläche verwendet. Nach [VDI-13] ergibt sich für diesen ein Emissionsgrad $\varepsilon = 0{,}242$, und damit bei geforderten 800 °C eine Verlustleistung $\dot{Q}_v = -1131$ W.

Es wird kein passendes Heizelement gefunden, das auf dieser Fläche die berechnete und vereinfachte Verlustleistung kompensieren kann. Es wird daher die Heizleitung Typ *HSQ* von der Firma hiploplan GmbH gewählt, die eine Maximaltemperatur von 900 °C erreicht und bei einer Länge von 5 m eine Leistung von 850 W aufweist. Die Versuche werden auf den im Experiment realisierbaren Temperaturbereich eingeschränkt. Die Temperaturregelung wird über einen PID-Regler *HT62* und die Temperaturmessfühler *PT100* der gleichen Firma realisiert.

Die Heizschnur ist spiralförmig in eine Dämmplatte *SF 600* der Firma Techno-Physik Engineering GmbH eingebettet, um weitere Leistungsverluste durch Wärmeleitung in die Umgebung zu minimieren. Die flexible Heizvorrichtung für alle Versuche dieser Arbeit ist in Abbildung 4.6 dargestellt.

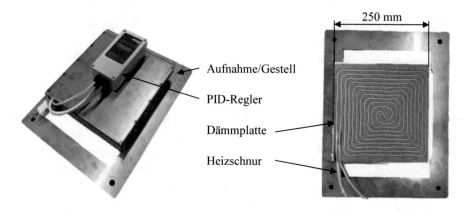

Abbildung 4.6:    Heizvorrichtung für die Vorwärmversuche dieser Arbeit mit einer Leistung
                  von 850 W auf 0,0625 m$^2$

## 4.3.2    Validierung der Heizleistung und erreichbaren Temperaturen

Zur Validierung der Homogenität der Vorheizung wird ein Substrat mit den Maßen
250 x 250 x 10 mm$^3$ aus 1.4401 verwendet, das auch als Grundmaterial für die folgenden
Einzelspurversuche mit In625 dient. Zunächst wird die maximale Temperatur ermittelt,
die auf der Substratoberfläche durch die Heizleitung erreicht werden kann. Nach 80 Mi-
nuten stellt sich eine Temperatur von 507 °C ein, die nicht weiter ansteigt. Der Temperaturbereich für die Vorheizversuche kann damit auf 25 bis 500 °C festgelegt werden.

Nach der Abkühlphase zeigt sich allerdings eine ungleichmäßige Wärmeverteilung
im Material. Die Substratplatte weist im Zentrum die höchsten Temperaturen auf, erkennbar an den unterschiedlichen Anlauffarben auf der Unterseite des Substrates in Abbildung
4.7.

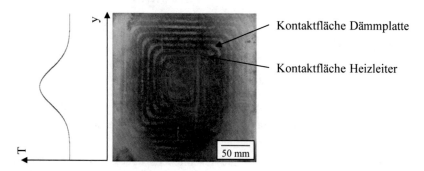

Abbildung 4.7:    Unterseite des vorgeheizten Substrates mit einem erkennbaren Wärmestau
                  im Zentrum der Platte nach einer Aufheizung auf 507 °C und schematische
                  Darstellung der Temperaturverteilung (links)

Ein wesentliches Ziel dieser Arbeit ist es, die Auswirkung der Temperatur auf die
Einzelspurgeometrie zu untersuchen. Daher ist es zwingend erforderlich, eine exakte und

zuverlässige Temperaturmessung der Oberfläche zu realisieren. Die globale Messung der Substrattemperatur mit Thermoelementen ist hierfür wie zuvor gezeigt nicht ausreichend. Daher wird ein Pyrometer unter einem definierten Winkel an der Bearbeitungsoptik installiert, um hiermit die lokale Ist-Temperatur der Oberfläche unmittelbar vor dem Schweißbeginn zu messen.

Hierfür wird ein Teilstrahlungspyrometer *Metis M323* der Firma Sensortherm GmbH verwendet, das einen Messbereich zwischen 50 und 800 °C hat. Versuche bei Oberflächentemperaturen < 50 °C werden als Umgebungstemperatur von 25 °C angenommen. Eine Oberflächentemperatur > 800 °C ist aufgrund der Heizleistung nicht zu erwarten. Der Messpunkt wird für alle Versuche 20 mm nachlaufend zum Schweißpunkt ausgerichtet. Bei der Auswertung der Messdaten vom Pyrometer wird der letzte Messpunkt unmittelbar vor dem steilen Temperaturanstieg extrahiert und repräsentiert somit die Oberflächentemperatur vor dem Prozessstart. In Abbildung 4.8 sind der Aufbau und die Messmethodik schematisch dargestellt.

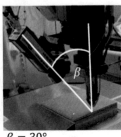

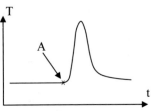

$\beta = 30°$       ⊢→ Schweißrichtung

A: Oberflächentemperatur unmittelbar vor Schweißbeginn

Abbildung 4.8:     Montiertes Pyrometer im 30°-Winkel zur Bearbeitungsoptik (links), nachlaufender Temperaturmesspunkt 20 mm hinter dem Bearbeitungspunkt (Mitte) und schematische Auswertemethodik für die Oberflächentemperatur unmittelbar vor dem Schweißbeginn (rechts)

## 4.4    Auswertung der Versuche

### 4.4.1    Metallographische Probenpräparation

Für die metallographische Untersuchung werden die Versuchsergebnisse nach einem einheitlichen Vorgehen aufbereitet. Die Schweißproben werden hierfür im ersten Schritt mit einer Säge an den zu untersuchenden Querschnitten getrennt. Die Probestücke werden in einem Akrylharz eingebettet und abschließend über ein werkstoffabhängiges Schleif- und Polierprogramm aufbereitet.

Für die Auswertung der Schweißnähte werden, sofern nicht anders ausgewiesen, mindestens zwei Schliffbilder erstellt, um zufällige Fehler in der Auswertung zu reduzieren. Das Messergebnis wird aus dem Mittelwert der beiden Messungen gebildet und als Ergebnis herangezogen.

## 4.4.2   Auswertung der Mikrostruktur

Für die Bewertung des Einflusses der Abkühlgeschwindigkeiten ist für die Titanlegierung die Betrachtung der Mikrostruktur vorgesehen. Zur Sichtbarmachung des Gefüges werden die polierten Querschliffe geätzt. Hierfür werden die Oberflächen der Proben mit dem Ätzmittel nach Kroll für 3–10 Sekunden betupft [PET-94].

Als weitere Untersuchungsmethoden kommt die Rasterelektronenmikroskopie (REM) in Kombination mit der Energiedispersiven Röntgenspektroskopie (EDX) und Elektronenrückstreubeugung (EBSD) zur Anwendung. Diese Untersuchungen an den Titanproben dieser Arbeit werden am Helmholtz-Zentrum Geesthacht von der Abteilung Laser-Materialbearbeitung und Strukturbewertung durchgeführt.

## 4.4.3   Auswertung der Einzelspurcharakteristika und Geometrieausprägung

Die Geometrieausprägung der Einzelspurquerschnitte wird am Digitalmikroskop *VHX5000* der Firma Keyence AG durchgeführt. Hierbei werden die erläuterten Zielgrößen der Einzelspuren ausgewertet. Die Einzelspurcharakteristika Breite, Höhe, Einbrandtiefe und die Flächeninhalte des Spurquerschnitts, Aufmischungsquerschnitts und der Poren, wie in Abbildung 4.9 dargestellt, werden für jeden Schweißversuch ermittelt.

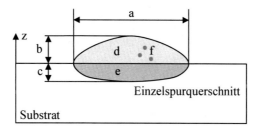

| a) | Spurbreite | d) | Flächeninhalt Spurquerschnitt |
|---|---|---|---|
| b) | Spurhöhe | e) | Flächeninhalt Aufmischungsquerschnitt |
| c) | Einbrandtiefe | f) | Flächeninhalt der Poren $\sum_{i=1}^{n} A_{p_i}$ |

Abbildung 4.9:          Darstellung der auszuwertenden Charakteristika im Schliffbild

Die auftraggeschweißten Flächen- und Volumenelemente werden darüber hinaus mit einer Koordinatenmessmaschine vermessen. Hierfür wird die *LH87* von der Wenzel Group GmbH & Co. KG mit einer Genauigkeit von $(1{,}8+1/350)$ µm verwendet. Die Messobjekte werden dabei je nach Anforderung und Anwendungsfall mit einem taktilen oder optischen Sensor vermessen, um die geometrische Genauigkeit des Objektes zu bestimmen.

### 4.4.4 Auswertung der mechanischen Eigenschaften

Zur Bewertung der mechanischen Eigenschaften werden primär Härtemessungen an den Proben durchgeführt. Als Messverfahren wird die Vickers-Härteprüfung nach [DIN-6507-1] verwendet. Es werden nach [EIS-91] eine Härte bis 240 HV für In625 und nach [LEY-03] Härtebereiche von 300–400 HV für Ti-6Al-4V erwartet. Sofern nicht anders ausgewiesen, werden alle Messungen mit einer Prüflast von HV1 durchgeführt. Die Untersuchung erfolgt mit der Härteprüfmaschine *DuraScan 70* der Struers GmbH, die eine automatische Auswertung der pyramidischen Vickerseindrücke vornimmt.

Für die statistische Absicherung werden an dem Probekörper mehrere Härteeindrücke durchgeführt. Die Standardabweichung zwischen den Messungen wird ermittelt und neben dem Messergebnis dargestellt. Die Anzahl der Eindrücke sowie die jeweilige Methodik werden bei der entsprechenden Probe erläutert.

# 5 Prozessauslegung mittels Randbedingungsanalyse

Nachfolgend werden die in Abschnitt 3.2 abgeleiteten wissenschaftlichen Aufgabenstellungen für diese Arbeit behandelt. Für die abgeleitete Arbeitshypothese sind Untersuchungen anzustellen, die diese am Ende der Arbeit verifizieren.

Es wird in Abschnitt 5.1 mit der Ermittlung der Prozessparameter für das Laser-Pulver-Auftragschweißen der betrachteten Werkstoffe begonnen. Basierend auf Literaturwerten wird jeweils eine Parameteroptimierung durchgeführt. Das Resultat sind nach den dargestellten Zielkriterien optimierte Prozessparameter für In625 und Ti-6Al-4V bei Raumtemperatur.

Die in Abschnitt 3.1 dargestellte Beobachtung, dass die Ausprägung der Einzelspurgeometrie abhängig von den thermischen Randbedingungen ist, wird im Anschluss in Abschnitt 5.2 untersucht. Um dies nachzuweisen, werden Einzelspurversuche bei unterschiedlichen Oberflächentemperaturen durchgeführt und geometrisch ausgewertet. Die Korrelation wird als empirischer Datensatz für die Einzelspurbreite $b(T)$ und Einzelspurhöhe $h(T)$ zusammengefasst.

Weiterhin wird die Korrelation der mechanischen Eigenschaften mit den thermischen Randbedingungen in Abschnitt 5.3 betrachtet. Es wird betrachtet, wie sich das Materialgefüge bei unterschiedlichen Temperaturzuständen ausprägt. Hierfür werden Härtemessungen an den durchgeführten Einzelspurversuchen vorgenommen. Ein weiterer Versuch einer hohen Wandstruktur dient darüber hinaus zur Evaluierung der sich ausbildenden Gefügestruktur bei einem zunehmenden Wärmestau.

Auf Basis von Literaturwerten und den bisherigen Erkenntnissen wird in Abschnitt 5.4 die Auswirkung der Prozessparameter Laserleistung und Schweißgeschwindigkeit auf die Bauteilqualität betrachtet. Es gilt zu untersuchen, ob mit temperaturangepassten Prozessparametern eine verbesserte Bauteilqualität möglich ist.

Zur Abbildung der thermischen Randbedingungen von beliebigen Geometrien, die nicht mehr analytisch beschrieben werden können, wird ein Simulationsmodell mit Comsol Multiphysics in Abschnitt 5.5 entwickelt. Dieses beschränkt sich auf die Wärmeübertragungs-mechanismen im Prozess und soll damit flexibel und rechenzeitoptimiert CAD-Geometrien vor dem Auftragschweißprozess analysieren. Das abgeleitete Temperaturfeld $T(x, y, z, t)$ dient in Verbindung mit den Erkenntnissen der vorangegangenen Abschnitte abschließend zur temperaturadaptiven Prozessauslegung beim Laser-Pulver-Auftragschweißen.

## 5.1 Ermittlung der Prozessparameter für In625 und Ti-6Al-4V

In dieser Arbeit werden der Werkstoff In625, repräsentativ für Beschichtungs- und Reparaturanwendungen, sowie der Werkstoff Ti-6Al-4V für 3D-Druck-Anwendungen betrachtet. Als Grundlage für alle weiteren Untersuchungen dieser Arbeit wird jeweils ein optimierter Parametersatz nach den Zielgrößen aus Abschnitt 2.1.2 ermittelt. Diese bilden

© Der/die Autor(en), exklusiv lizenziert an
Springer-Verlag GmbH, DE, ein Teil von Springer Nature 2023
M. Heilemann, *Temperaturadaptive Prozessauslegung für das
Laser-Pulver-Auftragschweißen*, Light Engineering für die
Praxis, https://doi.org/10.1007/978-3-662-68207-4_5

die Grundlage, anhand deren der Einfluss der thermischen Randbedingungen evaluiert wird.

Die beschriebenen Einflussfaktoren beim Auftragschweißen sind vielfältig und die Zielgrößen stehen teilweise im Konflikt zueinander. Es entsteht dadurch ein multikriterielles Optimierungsziel, das eine umfassende statistische Versuchsplanung mit sich bringt. Hierfür stehen unterschiedliche Werkzeuge wie das Design of Experiments (DoE) oder evolutionary multi-objective optimization algorithm (EMO) zur Verfügung. Eine effiziente Optimierung beim Auftragschweißen haben unter anderem [COE-07], [WAN-11] mit dem non-dominated sorting genetic algorithm 2 (NSGA-II) aus der Gruppe der EMO gezeigt. Für die Parameteroptimierung beider Werkstoffe wird daher dieser NSGA-II-Algorithmus verwendet. Für eine detaillierte Darstellung der Grundlagen zu diesen Optimierungsansätzen wird an dieser Stelle auf die Fachliteratur verwiesen [RÖS-14], [WEI-15].

### 5.1.1  Optimierung der Einzelspuren aus In625

Für die Parameteroptimierung mit diesem Werkstoff wird ein artungleiches Substratmaterial verwendet. Alle Versuche werden mit dem Zusatzwerkstoff In625 in Pulverform auf einem Edelstahlsubstrat 316L durchgeführt.

Die zu optimierenden Prozessparameter sind die Laserleistung $P$, die Schweißgeschwindigkeit $v$ und der Pulvermassenstrom $\dot{m}$. Der Laserstrahldurchmesser wird nicht variiert, da dieser sich exponentiell auf die Intensität auswirkt. Eine Optimierung mit diesem Wert als Variable ist daher in der Regel nicht zielführend. Weitere konstante Prozessparameter sind der Argon Schutzgasstrom $\dot{v}_S$ und der Helium Fördergasstrom $\dot{v}_F$. Letzterer wird zwar proportional zum Massenstrom variiert und ist daher nicht konstant, bildet jedoch keine eigenständige variable Größe. Die Parameter für den betrachteten Wertebereich in der Optimierung sind in Tabelle 5.1 zusammengefasst.

Tabelle 5.1:          Wertebereich für die Parameteroptimierung der Einzelspuren aus In625

|        | $P$ [$W$] | $v$ [$mm/s$] | $\dot{m}$ [$g/min$] | $d_L$ [$mm$] | $\dot{v}_S$ [$l/min$] | $\dot{v}_F$ [$l/min$] |
|--------|-----------|--------------|---------------------|--------------|------------------------|------------------------|
| Min.   | 1500      | 10           | 12,8                |              |                        |                        |
| Max.   | 6000      | 30           | 32,0                | 3,5          | 20                     | $\dot{v}_F\sim\dot{m}$ |

Die Initialgeneration an Parameterreihen wird basierend auf Literaturwerten an die verwendete Systemtechnik angepasst. Alle weiteren Versuchsreihen werden auf Grundlage der Ergebnisse der vorangegangenen Reihe durch den NSGA-II-Algorithmus automatisch generiert und dadurch schrittweise optimiert.

Bevor die Zielgrößen für die Optimierung festgelegt werden, wird zunächst die Initialgeneration durchgeführt und ausgewertet. Diese Generation enthält auch die acht Eckpunkte aus dem aufgespannten Parameterraum aus Laserleistung, Schweißgeschwindigkeit und Pulvermassenstrom. Durch die Evaluation dieser Prozessgrenzen können die Zielgrößen sehr effizient festgelegt und in sinnvolle Schrittweiten für die Parametervariation unterteilt werden.

Die Auswertung der ersten Versuchsreihe zeigt, dass sich die Zielgrößen unterschiedlich signifikant ausbilden. Auf dieser Grundlage wird festgelegt, dass die Auftragrate, das Aspektverhältnis und der Aufmischungsgrad als entscheidende Zielgrößen für diese Optimierung dienen. In Tabelle 5.2 sind die Zielgrößen und die Grenzwerte der Ergebnisse aus der ersten Versuchsreihe dargestellt. Dabei stellen sich die Porosität, die Anbindung und der Pulvernutzungsgrad bei diesem Werkstoff und Parameterraum als unkritische Zielgrößen heraus. Sie werden in den Versuchen mit ausgewertet, fließen jedoch nicht in den Optimierungsalgorithmus ein.

Tabelle 5.2:  Für die Optimierung festgelegte Zielgrößen Aspektverhältnis, Aufmischungsgrad und Auftragrate mit deren jeweiligem Optimierungsziel

|  | Aspektverhältnis [–] | Aufmischungsgrad [%] | Auftragrate [cm³/h] |
|---|---|---|---|
| Optimierungsziel | 4 | Minimieren | Maximieren |
| Minimalwert aus Gen. 1 | 2,55 | 0 | 41 |
| Maximalwert aus Gen. 1 | 7,00 | 83 | 184 |

Insgesamt werden fünf Generationen mit 120 Parameterkombinationen auftraggeschweißt und evaluiert. Die Bewertung für den Algorithmus erfolgt nach jeder Generation über eine normierte Skala von 1 bis 10 für jede Zielgröße, wobei 1 als beste und 10 als schlechteste Bewertung definiert ist. Somit kann ein bestmögliches Ergebnis bei 3 erreicht werden, während die schlechteste Bewertung 30 ergibt. Die Ergebnisse sind in Abbildung 5.1 mit entsprechender Normierung über alle Generationen dargestellt.

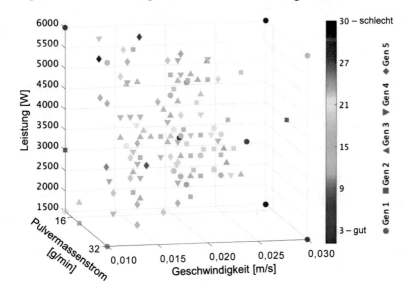

Abbildung 5.1:  Normierte Ergebnisse der Zielgrößenerreichung nach insgesamt fünf Optimierungsgenerationen, aufgetragen über die variierten Prozessparameter

Es ist erkennbar, dass der Algorithmus ohne Eingreifen einen sehr breiten Raum an Parametern abdeckt und es keinen klaren Trend für den optimalen Parametersatz gibt. Dies ist auf die hohe Wechselwirkung zwischen den Prozessparametern zurückzuführen, sodass diese keinesfalls isoliert betrachtet werden dürfen.

In der Darstellung der Zielgrößen mit diesen Parametervariationen zueinander zeigt sich das angestrebte Pareto-Optimum mit diesem Ansatz. In Abbildung 5.2 sind die Zielgrößen zueinander jeweils zweidimensional aufgetragen.

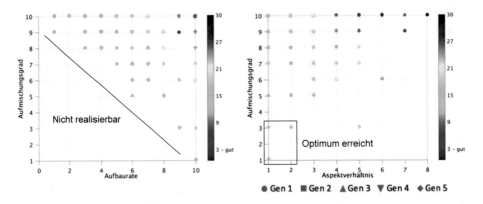

Abbildung 5.2:       Normierte Ergebnisdarstellung der Zielgrößenerreichung zwischen Aufmischungsgrad zu Aufbaurate und Aufmischungsgrad zu Aspektverhältnis

Die Zielgrößen Aufmischungsgrad und Auftragrate stehen in einem starken Zielkonflikt, da nicht beide Zielgrößen gleichzeitig ein Optimum annehmen können. Es kann damit ein großer Bereich als nicht realisierbar eingestuft werden. Im Gegensatz dazu kann das Aspektverhältnis einen sehr guten Wert über jeden Aufmischungsgrad hinweg annehmen.

Es ergeben sich damit optimierte Parameter unterschiedlicher Ausprägung, die in der normierten Gesamtbewertung gleich gut gewichtet sind. Die Parametersätze unterscheiden sich dabei jedoch signifikant, wie in Tabelle 5.3 dargestellt.

Tabelle 5.3:       Optimierte Prozessparameter für In625 mit gleicher Gesamtbewertung

| Generation | Laserleistung [kW] | Geschwindig-keit [mm/s] | Pulvermassen-strom [g/min] | Aspektverhält-nis $\Phi^1$ | Aufmischungs-grad $\Psi^1$ | Auftragrate $\dot{M}^1$ | Gesamtbewer-tung[2] |
|---|---|---|---|---|---|---|---|
| 2. | 1,5 | 10 | 19,2 | 1 | 1 | 10 | 12 |
| 3. | 2,5 | 14 | 28,7 | 1 | 5 | 6 | 12 |
| 4. | 6,0 | 17 | 31,9 | 1 | 10 | 1 | 12 |

[1] Normiertes Ergebnis 1–10 von gut bis schlecht.
[2] Gesamtbewertung zwischen 3 und 30 als Summe der drei normierten Ergebnisse.

Die Gesamtbewertung ist zwischen den drei Parametern identisch, aber die Parameter aus Generation 2 und 4 bilden die Extremwerte des Pareto-Optimums. Um im weiteren Verlauf Randeffekte bei den Extremwerten zu vermeiden, wird der Parameter aus Generation 3 als Optimum aus dieser Untersuchung im weiteren Verlauf verwendet. Dieser Parametersatz und die Einzelspurcharakteristika Höhe und Breite sind zusammengefasst in Tabelle 5.4 dargestellt und werden in dieser Form als Referenz für alle weiteren Untersuchungen dieser Arbeit für In625 genutzt.

Tabelle 5.4:        Optimierter Einzelspurparameter für In625 als Referenz für diese Arbeit

| $P$ [W] | $v$ [mm/s] | $\dot{m}$ [g/min] | $d_L$ [mm] | $\dot{v}_S$ [l/min] | $\dot{v}_F$ [l/min] | $h_{ES}$ [mm] | $b_{ES}$ [mm] |
|---------|-----------|-------------------|-----------|---------------------|---------------------|---------------|---------------|
| 2500    | 14        | 28,7              | 3,5       | 20                  | 9                   | 0,88          | 3,64          |

## 5.1.2   Optimierung der Einzelspuren aus Ti-6Al-4V

Das Vorgehen für den Titanwerkstoff wird prinzipiell analog zum vorherigen Abschnitt durchgeführt. An dieser Stelle werden allerdings die Ergebnisse von M. Möller herangezogen, da in seinen Untersuchungen bereits eine Parameterstudie mit dem gleichen Vorgehen für Ti-6Al-4V durchgeführt wurde [MÖL-21]. Die Untersuchungen wurden mit der gleichen Systemtechnik wie die Versuche dieser Arbeit durchgeführt, sodass die Ergebnisse ohne Anpassung übernommen werden können. Um eine Vergleichbarkeit zu In625 sicherzustellen, wird der Parametersatz von Möller bei Raumtemperatur dreifach zur statistischen Absicherung auftraggeschweißt und nach der vorgestellten Methodik ausgewertet. Die Ergebnisse sind zusammengefasst in Tabelle 5.5 dargestellt und werden als Referenz für die weiteren Untersuchungen dieser Arbeit für Ti-6Al-4V verwendet.

Tabelle 5.5:        Optimierter Parametersatz für Ti-6Al-4V [MÖL-21] und die ausgewerteten Einzelspurcharakteristika als Referenz für diese Arbeit

| $P$ [W] | $v$ [mm/s] | $\dot{m}$ [g/min] | $d_L$ [mm] | $\dot{v}_S$ [l/min] | $\dot{v}_F$ [l/min] | $h_{ES}$ [mm] | $b_{ES}$ [mm] |
|---------|-----------|-------------------|-----------|---------------------|---------------------|---------------|---------------|
| 1500    | 10        | 11,81             | 2,086     | 20                  | 4                   | 1,00          | 3,06          |

## 5.2 Korrelation zwischen Geometrie und thermischen Randbedingungen

Basierend auf der eingeleiteten ersten Beobachtung wird in diesem Abschnitt die Wechselwirkung zwischen der Temperatur und den geometrischen Kenngrößen beim Auftragschweißen untersucht (vgl. Abschnitt 3.1). Die Ergebnisse dienen dem tiefergehenden Verständnis der Spurausprägung beim Auftragschweißen und bilden anschließend die Datengrundlage der adaptiven Prozessauslegung.

Basierend auf den optimierten Parametern aus Abschnitt 5.1 werden Einzelspurversuche auf der Oberfläche eines vorgeheizten Substrates durchgeführt. Dies simuliert die unterschiedlichen Temperaturfelder, die sich im Aufbauprozess aufgrund der Geometrie und anderer Einflussfaktoren ausbilden.

Für alle Versuche in diesem Abschnitt wird die in Abschnitt 4.3 vorgestellte Heizvorrichtung verwendet. Das Substrat wird auf unterschiedliche Temperaturen eingestellt und die Einzelspurschweißung durchgeführt. Eine vollflächig gleichmäßige Temperatur auf der Oberfläche ist nur schwierig oder nicht zu erreichen. Ein Pyrometer an der Bearbeitungsoptik misst daher die Oberflächentemperatur im Prozess. Der Messwert unmittelbar vor Beginn der Schweißung repräsentiert damit den Temperaturwert im späteren Fertigungsprozess und bildet die Korrelation der Geometriegrößen Breite der Einzelspur $b(T)$ und Höhe der Einzelspur $h(T)$ zur Oberflächentemperatur. Der Messfleck des Pyrometers ist 20 mm nachlaufend zum Laserspot ausgerichtet. Eine Messung näher am Schweißpunkt würde in einem zu flachen Messwinkel resultieren, sodass keine zuverlässigen Messwerte mehr aufgenommen werden können. Die Versuche zeigen, dass über die Distanz von 20 mm zwischen Messfleck und Bearbeitungspunkt kein signifikanter Temperaturunterschied vorliegt, sodass diese Messmethodik als hinreichend genau angenommen wird. Die Methodik zum Ablauf und zur Auswertung der Versuche ist in Abbildung 5.3 noch einmal schematisch dargestellt.

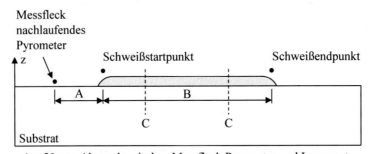

A = 20 mm Abstand zwischen Messfleck Pyrometer und Laserspot
B = Länge der Auftragschweißnaht
C: Position der Schnittebene für die Schliffbilder

Abbildung 5.3:          Schematische Seitenansicht der Auftragschweißversuche mit nachlaufendem Pyrometer

Bei der Auswertung der Temperaturdaten des Pyrometers zeigt sich bei allen Versuchen ein leichter Abfall der Temperatur vor dem Schweißstart. Dies kann auf die Kühlung durch das Pulver-Gas-Gemisch zurückgeführt werden. Die Bearbeitungsoptik bewegt sich in der Anfahrt zum Schweißstartpunkt bei den Versuchen bereits dicht über dem Substrat und reduziert dabei die Oberflächentemperatur. Dieser Effekt ist bei höheren Vorheiztemperaturen entsprechend den Wärmeübertragungsmechanismen, aufgrund des höheren Temperaturdeltas zwischen Oberfläche und Gasstrom, stärker ausgeprägt. Für die Auswertung wird die Temperatur an dem Punkt ausgelesen, der auf das Einschalten der Laserleistung hinweist. Abbildung 5.4 zeigt die Auswertung einer Temperaturmessung exemplarisch für diesen Abschnitt.

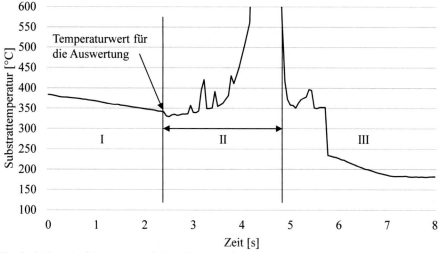

Abschnitt I)   Anfahrweg zum Schweißstartpunkt
Abschnitt II)  Schweißprozess – wobei das Pyrometer den steilen Temperaturanstieg
               durch den 20 mm Nachlauf versetzt aufzeichnet
Abschnitt III) Laser wird ausgeschaltet und Bearbeitungskopf bewegt sich nach oben weg

Abbildung 5.4:     Exemplarische Auswertemethodik der Oberflächentemperatur unmittelbar
                   vor Schweißbeginn mittels nachlaufender Pyrometermessung

## 5.2.1   Einzelspurversuche In625

Es werden insgesamt 94 Einzelspuren auf unterschiedlichen Temperaturniveaus auftraggeschweißt und anschließend ausgewertet. Die Temperatur des Substrates variiert dabei in Abhängigkeit von der Zeit zwischen den Schweißbahnen, von der Position der Schweißnaht auf dem Substrat und dadurch dem Zeitraum, in dem sich die Prozessdüse vor dem Schweißstart mit dem aktiven Pulver-Gas-Strom bereits über dem Substrat befindet. Die Ist-Temperatur der Oberfläche wird wie beschrieben mit einem Pyrometer nachlaufend gemessen und der Wert unmittelbar vor Schweißbeginn als Referenzwert für die Auswertung genutzt. Somit wird jedem Schweißversuch eine individuelle Substrattemperatur zugeordnet.

Für alle Versuche mit dieser Legierung wird der optimierte Parametersatz aus Tabelle 5.4 verwendet und nicht variiert.

Im Folgenden werden die Ergebnisse zu der Einzelspurbreite, -höhe und zum Aufmischungsgrad der Auftragschweißnähte in Abhängigkeit der Substrattemperatur dargestellt. Da sich bei jedem Versuch eine individuelle Substrattemperatur einstellt, werden keine Mittelwerte und Fehlerbalken aufgeführt. Die lineare Trendlinie dient der besseren Veranschaulichung der Ergebnisse. Alle Ergebnisse wurden anhand von Schliffbildern der einzelnen Proben ermittelt.

In Abbildung 5.5 ist eine zunehmende Nahtbreite bei steigender Temperatur erkennbar. Der Wert verändert sich von einem mittleren Minimum bei Raumtemperatur von 3,42 mm zu einem mittleren Maximum bei ca. 500 °C von 3,64 mm, was einem relativen Anstieg um 6,4 % entspricht.

Auffällig ist die starke Streuung der Messwerte. So können ähnliche Einzelspurbreiten bei sehr unterschiedlichen Temperaturen abgelesen werden. Eine eindeutige Korrelation lässt sich somit nicht direkt ablesen. Die Vermessung der Schliffbilder für diese Werte erfolgt händisch an einem Mikroskop. Es ist davon auszugehen, dass bei diesen kleinen Messwerten bereits eine leicht ungenaue Positionierung der Messlinie durch den Bediener einen Einfluss auf das Ergebnis hat.

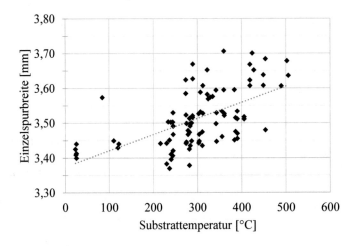

Abbildung 5.5:          Messwerte der Einzelspurbreite von In625 in Abhängigkeit unterschiedlicher Oberflächentemperaturen zum Schweißbeginn bei ansonsten gleichen Randbedingungen

Es kann dennoch gezeigt werden, dass sich die Einzelspurausprägung mit der Oberflächentemperatur ändert. Aufgrund der limitierten Vorheizung können nur Versuche bis 500 °C durchgeführt werden, während im realen Prozess noch höhere Temperaturen erwartet werden können. Es wird daher für das Modell der adaptiven Prozessauslegung angenommen, dass bei einem größeren Temperaturdelta auch eine größere Änderung der Einzelspurbreite vorliegt.

Die Einzelspurhöhe zeigt in Abbildung 5.6 eine vergleichbare Streuung der Messwerte, und damit einen nicht ganz eindeutigen Verlauf. Da neben der Substrattemperatur alle anderen Randbedingungen inklusive der Prozessparameter bei den Versuchen konstant sind, wird bei steigender Einzelspurbreite eine Verringerung der Höhe erwartet, sofern sich der Pulverausnutzungsgrad nicht erhöht (Massenbilanz). Eine geringe Reduzierung ist über die Trendlinie erkennbar, jedoch unterstützen die Messwerte dies nur bedingt. Bei Raumtemperatur wird ein mittleres Maximum von 0,88 mm gemessen, das sich auf ein mittleres Minimum bei ca. 500 °C auf 0,86 mm verringert. Dies entspricht einem relativen Abfall der Höhe um 2,0 %.

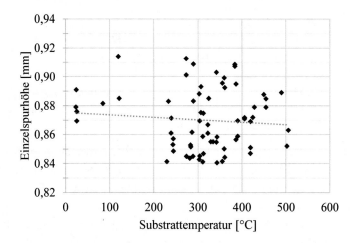

Abbildung 5.6:       Messwerte der Einzelspurhöhe von In625 in Abhängigkeit unterschiedlicher Oberflächentemperaturen zum Schweißbeginn bei ansonsten gleichen Randbedingungen

Trotz stark abweichender Messwerte wird diese Korrelation für das empirische Modell berücksichtigt, da auch hier zunächst von einem weiteren Abfall der Einzelspurhöhe bei steigender Temperatur ausgegangen wird.

Eine starke Korrelation ist hingegen zwischen der Substrattemperatur und dem Aufmischungsgrad in Abbildung 5.7 erkennbar. Die durch die Laserleistung eingebrachte Energie ist eine konstante Größe in den Versuchen. Durch die zusätzliche Energie beim Vorheizen ändert sich jedoch die Gesamtenergiebilanz. Infolgedessen war zu erwarten, dass der Aufmischungsgrad zunimmt. Ein geringer Aufmischungsgrad ist somit nur bei niedrigen Oberflächentemperaturen erreichbar oder durch eine Variation der Prozessparameter über die Prozesszeit.

Der Aufmischungsgrad steigt von einem mittleren Minimum bei Raumtemperatur von 33 % auf ein mittleres Maximum bei ca. 500 °C von 48 %. Auch hier ist mit einem weiteren Anstieg dieses Effektes bei höheren Temperaturen zu rechnen.

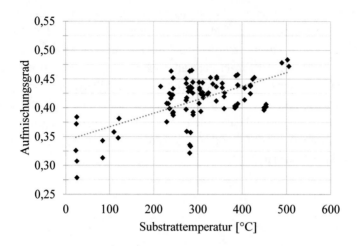

Abbildung 5.7:        Messwerte des Aufmischungsgrades von In625 in Abhängigkeit unterschiedlicher Oberflächentemperaturen zum Schweißbeginn bei ansonsten
gleichen Randbedingungen

Die Ergebnisse zu der Einzelspurbreite und -höhe werden als empirische Datens-
ätze genutzt und über die Steigung der Trendlinie noch bis 800 °C extrapoliert. Dieser
Grenzwert wird in erster Näherung genutzt und bezieht sich dabei auf die Messwerte des
Vorversuchs (vgl. Abschnitt 4.3.1). Es wird kein linearer Verlauf der Korrelation bis zum
Schmelzpunkt erwartet, die Messdaten weisen jedoch auch noch nicht auf ein Plateau des
Anstiegs bis 500 °C hin. Die abgeleitete Funktion der Daten wird zwischen 25 °C und
800 °C definiert und darüber hinaus vereinfacht als konstant angenommen.

Für die Einbettung in das Modell zur adaptiven Prozessauslegung werden damit
die folgenden vereinfachten Gleichungen für In625 aufgestellt und in Abbildung 5.8 visualisiert:

$$b_{In625}(T) = \begin{cases} 3{,}388 & T < 25 \\ 0{,}0005 \cdot T + 3{,}375 & T \in [25;800] \\ 3{,}775 & T > 800 \end{cases} \qquad 5.1$$

$$h_{In625}(T) = \begin{cases} 0{,}876 & T < 25 \\ -0{,}00002 \cdot T + 0{,}877 & T \in [25;800] \\ 0{,}861 & T > 800 \end{cases} \qquad 5.2$$

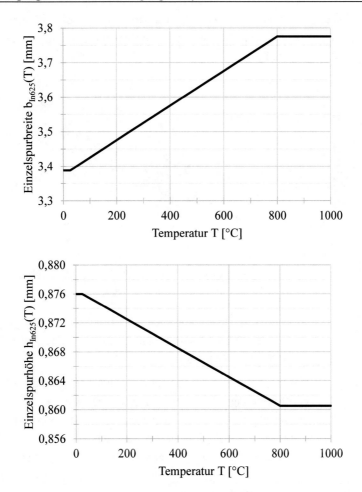

Abbildung 5.8:        Visualisierung der Gleichungen 5.1 und 5.2 für die temperaturabhängige
                      Einzelspurbreite und Einzelspurhöhe von In625

## 5.2.2    Einzelspurversuche Ti-6Al-4V

Die Einzelspurversuche für die Ti-6Al-4V Legierung werden analog zum vorherigen Abschnitt durchgeführt. Um eine höhere Reliabilität der Messungen in dieser Versuchsreihe zu erzielen, wird die Versuchsanzahl erhöht. Es werden für diese Versuchsreihe
insgesamt 185 Einzelspuren auf unterschiedlichen Temperaturniveaus auftraggeschweißt
und anschließend ausgewertet.

Für die Untersuchungen wird der optimierte Parametersatz aus Tabelle 5.5 verwendet und während der Versuche nicht variiert.

Die Ergebnisse der Zunahme der Einzelspurbreite über die Substrattemperatur sind
in Abbildung 5.9 dargestellt. Bei der Titanlegierung wird eine deutlich verringerte Streuung der Messwerte im Vergleich zu der Nickelbasislegierung beobachtet. Beginnend bei
einer mittleren Breite von 3,06 mm bei Raumtemperatur steigt dieser Wert um 17,3 % bis

zu einem mittleren Maximum von 3,59 mm bei ca. 500 °C an. Bei diesen Versuchen zeigt sich eine deutlichere Korrelation zwischen der Einzelspurausprägung und den thermischen Randbedingungen im Prozess.

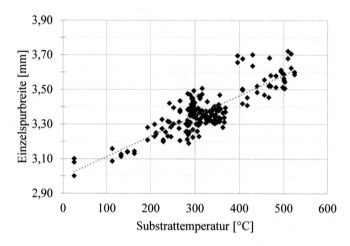

Abbildung 5.9:          Messwerte der Einzelspur<u>breite</u> von Ti-6Al-4V in Abhängigkeit unterschiedlicher Oberflächentemperaturen zum Schweißbeginn bei ansonsten gleichen Randbedingungen

Bei der Einzelspurhöhe kann eine vergleichsweise höhere Streuung der Messwerte beobachtet werden (vgl. Abbildung 5.10). Dennoch korrelieren die Messwerte auch hier mit der Temperatur besser als bei der Nickellegierung zuvor. Die Einzelspurhöhe bei Raumtemperatur beträgt im Mittel 1,00 mm und reduziert sich bis ca. 500 °C auf ein mittleres Minimum von 0,85 mm, was einer negativen Steigung von 15,0 % entspricht.

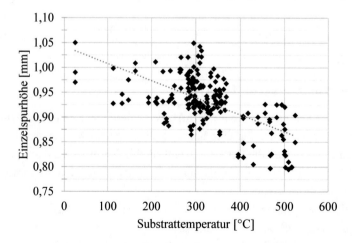

Abbildung 5.10:        Messwerte der Einzelspur<u>höhe</u> von Ti-6Al-4V in Abhängigkeit unterschiedlicher Oberflächentemperaturen zum Schweißbeginn bei ansonsten gleichen Randbedingungen

Für die Einbettung in das Modell zur adaptiven Prozessauslegung werden damit die folgenden vereinfachten Gleichungen für Ti-6Al-4V aufgestellt und in Abbildung 5.11 visualisiert:

$$b_{Ti64}(T) = \begin{cases} 3,026 & T < 25 \\ 0,0012 \cdot T + 2,996 & T \in [25;800] \\ 3,956 & T > 800 \end{cases} \qquad 5.3$$

$$h_{Ti64}(T) = \begin{cases} 1,035 & T < 25 \\ -0,0003 \cdot T + 1,042 & T \in [25;800] \\ 0,802 & T > 800 \end{cases} \qquad 5.4$$

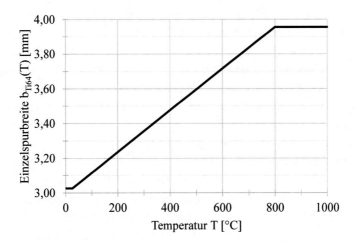

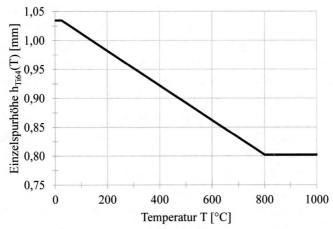

Abbildung 5.11:      Visualisierung der Gleichungen 5.3 und 5.4 für die temperaturabhängige Einzelspurbreite und Einzelspurhöhe von Ti-6Al-4V

### 5.2.3    Anwendbarkeit der Ergebnisse

Die Ergebnisse dieser Versuche quantifizieren die Korrelation der Einzelspurausprägung mit den thermischen Randbedingungen im Prozess für beide untersuchten
Werkstoffe. Auch wenn die Messergebnisse teilweise stark streuen, so kann die erste Beobachtung verifiziert und vor allem quantifiziert werden:

*Beobachtung 1: Die Ausprägung der Einzelspurgeometrie ist außer von den Prozesspa-
rametern, Material und Systemtechnik auch von den thermischen Randbedingungen
abhängig*

Während eine gewisse Korrelation bereits aus der Literatur (vgl. Abschnitt 2.1.3)
bekannt ist, trägt die Quantifizierung der Geometrie-Charakteristika einen wesentlichen
Teil zu einer darauf basierenden Prozessauslegung bei.

Wie in der Einleitung angeführt, basiert die Applikationsentwicklung beim Auftragschweißen auf der langjährigen Erfahrung des Mitarbeiters und in der Regel einem
iterativen Entwicklungszyklus. Ohne den exakten Temperaturverlauf zu kennen, wird folgendes Anwendungsbeispiel näher betrachtet, um den Effekt der sich ändernden Einzelspurausprägung beim Auftragschweißen zu bewerten. Zusätzlich wird in diesem Zusammenhang auch die resultierende Bauteilqualität betrachtet.

Es wird vereinfacht von einem Segment eines Bauteils ausgegangen, das durch eine
Überlagerung von Einzelspuren in z-Richtung aus Ti-6Al-4V hergestellt werden soll, also
eine Wand aus übereinandergeschweißten Einzelspuren. Liegt ein optimierter Prozessparameter vor, wird dieser für die Prozessauslegung in der ersten Iterationsschleife konstant
verwendet. Mit einer fiktiven Soll-Höhe von 100 mm und der Einzelspurhöhe bei Raumtemperatur von 1,03 mm ergeben sich damit 98 erforderliche Schweißlagen, um auf diese
Bauhöhe zu kommen. Sofern der Prozess nicht zwischen jeder Lage pausiert wird, bis die
Oberfläche der letzten Auftragschweißlage Raumtemperatur angenommen hat, wird die
nächstfolgende Lage bei höherer Oberflächentemperatur aufgeschweißt und damit, wie im
vorangegangenen Abschnitt 5.2.2 nachgewiesen, an Bauhöhe verlieren. Angenommen
nach acht Lagen stellt sich ein Temperaturgleichgewicht bei 300 °C ein, dann würden die
restlichen 90 Lagen mit einer verringerten Aufbauhöhe von ca. 0,95 mm aufgeschweißt
werden (vgl. Gleichung 5.4). Vereinfacht betrachtet lässt sich infolgedessen lediglich eine
Wandhöhe von 8 · 1,03 mm + 90 · 0,95 mm = 93,74 mm erreichen. Das Delta zur Soll-
Höhe wird zusätzlich noch verstärkt, da eine Abweichung von dem optimalen Bearbeitungsabstand der Prozessdüse zur Oberfläche einen verringerten Pulverausnutzungsgrad
zur Folge hat und damit zusätzlich weniger Material aufgetragen wird. Die Kombination
dieser Effekte ist eine der Hauptursachen für fehlerhafte Auftragschweißprozesse. Veranschaulicht werden kann dies an einer exemplarischen Anwendung in Abbildung 5.12. Ziel
war es, auf einem Rohr mit geringer Wandstärke aus Ti-6Al-4V über das LPA ein Ver-
stärkungsvolumen zu erzeugen. Erst nach drei iterativen Anpassungen der Auftrag-
schweißstrategie konnte eine ausreichende Bauteilqualität realisiert werden.

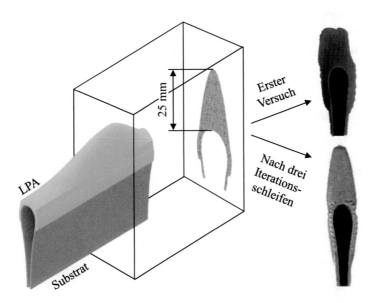

Abbildung 5.12:     Auftraggeschweißte Verstärkung auf einem artgleichen Ti-6Al-4V Rohr
mittels LPA. Die Bauteilqualität nach dem ersten Versuch war nicht ausreichend, sodass manuelle Anpassungen der Prozessstrategie über drei Iterationsschleifen notwendig waren, um die Soll-Geometrie realisieren zu können.

Die Lagenhöhe ist somit eine sensible Prozessgröße. Bereits geringe Abweichungen im Prozess führen zu selbstverstärkenden Negativeffekten der Prozessstabilität, die
bis hin zu einem Abbruch des Prozesses reichen können. Die Verringerung der Einzelspurhöhe in Abhängigkeit der Temperatur bildet damit auch bei prozentual kleinen Änderungen eine zentrale Einflussgröße auf die Bauteilqualität.

Die Abhängigkeit der Einzelspurausprägung von der Temperatur kann mit dem
Werkstoffverhalten erklärt werden. Sie ist von dem Material abhängig, wie die unterschiedlichen Ergebnisse von In625 und Ti-6Al-4V zeigen. Bei der Erstarrung der
Schmelze fließen eine Vielzahl von Werkstoffkennwerten ein. Zentral für die Geometrieausprägung werden hierbei die Viskosität sowie die Oberflächenspannung der Schmelze
gesehen. In der Literatur wurden diese Eigenschaften zwar temperaturabhängig für einige
Flüssigkeiten und Gase ermittelt, jedoch sind keine Werte für die betrachteten Werkstoffe
in der schmelzflüssigen Phase bekannt.

Weiterhin wird neben dem Werkstoff auch eine Abhängigkeit der Anlagentechnik
erwartet, sodass die Gleichungen 5.1–5.4 nicht allgemeingültig stellvertretend für den Laser-Pulver-Auftragschweißprozess mit dem jeweiligen Werkstoff gesehen werden können. Neben der Schmelzbadgröße, primär bestimmt durch den Laserstrahldurchmesser,
fließen weitere Größen wie Pulverwirkungsgrad und -fokus in die Abhängigkeit der Einzelspurausprägung ein. Der vorgestellte methodische Ansatz, die Abhängigkeit der Tem-

peratur auf die Einzelspurausprägung durch eine Versuchsreihe zu quantifizieren, ist jedoch übertragbar. Diese Übertragbarkeit auf eine andere Systemtechnik wird experimentell in Abschnitt 6.2 untersucht.

## 5.3 Korrelation zwischen Materialeigenschaften und thermischen Randbedingungen

Neben den geometrischen Zielgrößen sind die mechanischen und metallurgischen Eigenschaften des Materials ausschlaggebend für die Bauteil- und spätere Produktqualität. In diesem Abschnitt wird daher der Einfluss der thermischen Randbedingungen auf die Materialeigenschaften untersucht.

Hierfür wird anhand der Proben der Einzelspurversuche aus dem vorangegangenen Abschnitt eine Härtemessung durchgeführt. Ziel ist es, den temperaturabhängigen Härteverlauf zu ermitteln. Das Quantifizieren dieser Korrelation soll in der Prozessauslegung dahingehend unterstützen, durch geeignete thermische Randbedingungen eine Homogenisierung der Materialeigenschaften zu erreichen.

Für die metallurgische Betrachtung wird ein weiterer Versuch einer hohen Wand aus Einzelspuren durchgeführt, um den Einfluss der sich aufstauenden Wärme über die Lagenhöhe genauer zu analysieren. Da der Wärmestau über die Aufbauhöhe eine kritische Randbedingung speziell beim 3D-Druck ist, wird dieser Versuch mit der Titanlegierung durchgeführt.

### 5.3.1 Härtemessung an Einzelspurversuchen

Zur Bestimmung der mechanischen Eigenschaften der Einzelspurversuche wird eine Vickers-Härtemessung durchgeführt. Aus jedem Schliffbild wird ein Messergebnis für die Härte extrahiert. Hierfür werden pro Schliffbild insgesamt fünf HV1 Härteeindrücke appliziert, der Mittelwert wird gebildet und die Standardabweichung berechnet.

Die Trendlinie in der Abbildung 5.13 suggeriert eine Abnahme der Härte mit steigender Substrattemperatur. Im Zusammenhang mit der Skala der y-Achse und der Standardabweichung der Messwerte kann daraus allerdings keine klare Reduzierung der Härte abgeleitet werden. Dies steht im Zusammenhang damit, dass In625 als mischkristallhärtbare Legierung für Hochtemperaturanwendungen entwickelt wurde. Durch eine gezielte Wärmebehandlung bilden sich Ausscheidungen, die zur Festigkeitssteigerung des Materials führen. Hierfür ist jedoch ein Temperaturniveau, das größer als 650 °C ist, sowie eine Auslagerungszeit über mehrere Stunden notwendig [SUN-99], [MAT-08].

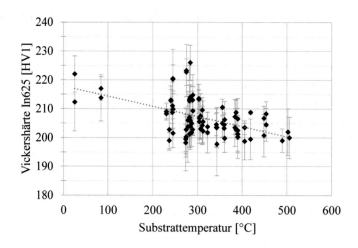

Abbildung 5.13:    Vickers-Härtemessung an den In625 Einzelspurversuchen aus Abschnitt
                   5.2.1 in Abhängigkeit der Oberflächentemperatur zum Schweißbeginn

Die Härtewerte der Titanlegierung in Abbildung 5.14 zeigen hingegen eine deutlichere Korrelation zur Oberflächentemperatur. Bei Raumtemperatur wird eine Härte von durchschnittlich 392 HV1 in der Einzelspur erreicht. Dieser anfänglich recht hohe Wert reduziert sich jedoch stark mit steigender Vorheiztemperatur. Bei einem Temperaturniveau von ca. 500 °C Oberflächentemperatur reduziert sich die mittlere Härte auf 359 HV1.

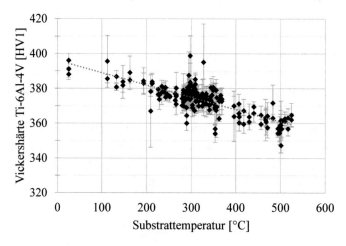

Abbildung 5.14:    Vickers-Härtemessung an den Ti-6Al-4V Einzelspurversuchen aus Abschnitt 5.2.2 in Abhängigkeit der Oberflächentemperatur zum Schweißbeginn

Hierbei treten zwei Effekte auf, die in gegensätzliche Richtung wirken. Auf der einen Seite wird die Abkühlgeschwindigkeit der schmelzflüssigen Phase der Titanlegierung durch die hohe Vorheiztemperatur stark reduziert. Die Legierung bildet bei hohen Abkühlgeschwindigkeiten ab 410 °C/s eine vollständig martensithaltige Mikrostruktur aus [AHM-98]. Verringert sich die Abkühlgeschwindigkeit also durch eine erhöhte Substrattemperatur, kann von einer Verringerung des hochharten Martensitanteils ausgegangen werden. Daraus resultiert eine Reduzierung der Härte im Gefüge der Einzelspur.

Auf der anderen Seite steht die Härte des Materialgefüges auch in direkter Wechselwirkung mit der Sauerstoffaufnahme im Prozess (vgl. Abschnitt 2.2.2). Die Versuche wurden ohne zusätzliche Schutzgasabdeckung durchgeführt. Die Schutz- und Fördergase im Prozess reichen speziell bei höheren Auftragraten nicht aus, um Titan hinreichend vor einer Sauerstoff- und Stickstoffaufnahme in der schmelzflüssigen Phase abzuschirmen. Eine erhöhte Substrattemperatur resultiert in einer Vergrößerung des Schmelzbades, wie bei der geometrischen Auswertung nachgewiesen werden konnte. Damit einhergehend verlängert sich auch die Abkühlzeit zwischen flüssiger Phase und einer Temperatur, in der kein Sauerstoff mehr ins Gefüge diffundieren kann. Der kritische Bereich ist im und um das Schmelzbad, wo die höchsten Temperaturen vorliegen. Es kann somit davon ausgegangen werden, dass eine Sauerstoffaufnahme während der Erstarrung die Härte des Materialgefüges nach oben korrigiert. Die Versuche zeigen allerdings, dass die Reduzierung des Martensitanteils einen stärkeren Effekt auf die Härte der Legierung hat als eine etwaige Versprödung des Werkstoffs durch Sauerstoff. Dies ist zumindest bei den durchgeführten Einzelspurversuchen der Fall.

Mit dieser Auswertung kann die Korrelation speziell für Ti-6Al-4V aufgrund dessen Gefügeeigenschaften besser nachvollzogen werden und ist für die Prozessauslegung relevant. Eine Härtemessung an Einzelspuren repräsentiert jedoch nicht hinreichend die mechanischen Eigenschaften des späteren Bauteils. Daher wird nachfolgend eine Wandstruktur aus Titan aufgebaut und konkret auf das Thermomanagement eingegangen.

### 5.3.2  Materialeigenschaften Wandstruktur aus Ti-6Al-4V

Die Härte einer Einzelspur ist nicht repräsentativ für ein vollständiges Bauteil. Durch das Überschweißen von Einzelspuren werden diese bis zu einem gewissen Grad wieder aufgeschmolzen und erfahren darüber hinaus bei weiteren Schichten zusätzliche zyklische Temperaturänderungen. Insbesondere während des Auftragschweißens dreidimensionaler Strukturen werden teilweise mehrere hundert Lagen übereinandergeschweißt, um die Endkontur aufzubauen.

Daher wird in diesem Abschnitt ein Versuch zu einer hohen Wand durchgeführt und deren Materialeigenschaften werden ausgewertet. Der Prozessparametersatz für diesen Versuch ist weiterhin identisch mit dem aus Tabelle 5.5 und wird konstant über die Aufbauhöhe belassen. Als Prozessstrategie wird ein alternierender Aufbau gewählt, sodass sich Start- und Endpunkt zwischen jeder Lage abwechseln. Der Laser wird am Endpunkt jeder Lage ausgeschaltet und zum Start in der neuen Position mit einem Offset entsprechend der Spurhöhe oberhalb des Endpunktes wieder eingeschaltet. Es wird keine Pausenzeit zwischen den Lagen verwendet.

Die Wand soll aus 90 Lagen und einer Länge von 70 mm bestehen. Mit dem Wert für die Einzelspurhöhe von 1,04 mm aus Gleichung 5.4 bei Raumtemperatur ergibt sich damit eine Soll-Aufbauhöhe von $90 \cdot 1{,}04$ mm $= 93{,}60$ mm.

Mit den Erkenntnissen aus den vorausgehenden Versuchen ist zu erwarten, dass der Versuch fehlschlägt, da eine kontinuierliche Aufbauhöhe von 1,04 mm pro Lage aufgrund des Wärmestaus nicht realisiert werden kann. Die Versuchsergebnisse bestätigen diese Annahme. Nach 16 Lagen ist die Prozessdüse so weit aus dem optimalen Bearbeitungspunkt rausgefahren, dass der Prozess abbricht.

Durch eine iterative und experimentelle Anpassung des z-Offsets zwischen den Lagen wird der Wert 0,85 mm ermittelt, mit dem ein Aufbau von 90 Lagen realisierbar ist. Es wird bewusst auf eine lagenweise Anpassung von Prozess- und Geometrieparametern verzichtet, da zu diesem Zeitpunkt zwar die Abhängigkeit der Geometriegrößen von der Temperatur bekannt ist, jedoch nicht die zeitabhängige Temperaturausprägung im Prozess.

Die Wand wird nach dem Prozess von der Substratoberfläche erodiert und metallographisch aufbereitet (vgl. Abschnitt 4.4). In Abbildung 5.15 sind Aufnahmen zu unterschiedlichen Zeitpunkten des Prozesses sowie die daraus resultierende Mikrostruktur der Wand dargestellt.

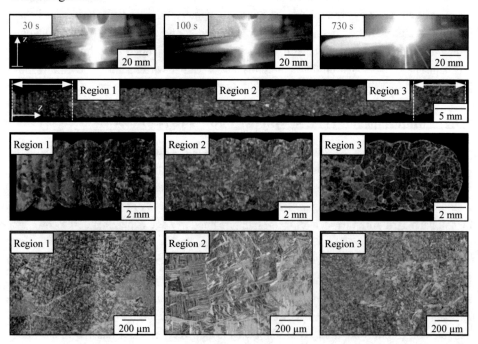

Abbildung 5.15:    Fotoaufnahmen der sich anstauenden Wärme zu unterschiedlichen Zeitpunkten im Prozess (oben) und Darstellung der resultierenden Mikrostruktur der auftraggeschweißten Wand aus Ti-6Al-4V, aufgeteilt in drei charakteristische Gefügeregionen mit unterschiedlicher Vergrößerung

Die resultierende Wand weist nach Prozessende die Abmessungen 70,0 x 4,5 x 74,0 mm$^3$ (L x B x H) auf. Mit dem eingestellten z-Offset von 0,85 mm bei 90 Lagen war eine Aufbauhöhe von 76,5 mm zu erwarten, die mit 74,0 mm nicht ganz erreicht wird. Der Prozess ist zwar erfolgreich durchgelaufen, jedoch kann aufgrund des nach den 90 Lagen bereits erhöhten Bearbeitungsabstandes davon ausgegangen werden, dass eine höhere Wand nicht möglich gewesen wäre.

Das Schliffbild der Wand lässt sich in drei verschiedene Gefügeregionen einteilen. Durch die hohen Abkühlgeschwindigkeiten innerhalb der ersten Lagen – das artgleiche Substrat wurde vor Prozessbeginn nicht vorgeheizt – hat sich in diesen eine feinnadelige Struktur aus metastabilem α'-Martensit gebildet. Diese erste Region wird bei den gegebenen Randbedingungen bis zu einer Bauhöhe von ca. 10 mm beobachtet.

Die zweite und dritte Region weisen beide ein lamellares Gefüge auf, wobei die Lamellen in Region 2 einer 5-fachen Länge und 1,5-fachen Breite gegenüber derjenigen aus Region 3 entsprechen und damit signifikant grobkörniger sind. Dies ist auf den beschriebenen Wärmestau beim Auftragschweißen dünnwandiger Strukturen zurückzuführen. Die Höhe der Region 3 entspricht der im Prozess nachglühenden von etwa 12 Lagen oder einer Höhe von ca. 10 mm (vgl. Abbildung 5.15 oben rechts). Während dieser Bereich in Region 2 durch kontinuierliche Energiezufuhr im Prozess langsamer abkühlt, erfahren die letzten 12 Lagen nach Bauprozessende eine deutlich erhöhte Abkühlrate, da dem System keine Energie mehr zugeführt wird.

Einhergehend mit den aufgezeigten variierenden Mikrostrukturen sind auch unterschiedliche mechanische Eigenschaften zu erwarten. Das in Region 1 auftretende α'-Martensit hat dabei eine höhere Härte und reduzierte Duktilität gegenüber einem lamellaren Gefüge bei Ti-6Al-4V [LÜT-98]. Es wird daher eine Härtemessung über die gesamte Bauhöhe durchgeführt und ausgewertet. Die Untersuchungen werden zusammen mit dem Helmholtz-Zentrum Geesthacht von der Abteilung Laser-Materialbearbeitung und Strukturbewertung durchgeführt und sind bereits in [HEI-17A], [HEI-17B] veröffentlicht. Abbildung 5.16 zeigt den Härteverlauf dieser Mikrohärtemessung mit HV0,5.

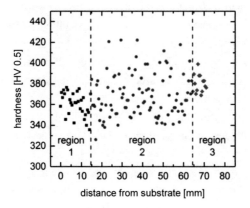

Abbildung 5.16:        Mikrohärtemessung über die Aufbauhöhe der auftraggeschweißten Wand-
                       struktur aus Ti-6Al-4V [HEI-17B]

Der Härteverlauf der Ti-6Al-4V Wand lässt sich ebenfalls innerhalb der drei Regi-
onen unterscheiden. Die geringste Härte wird in der substratnahen Region 1 beobachtet,
während Region 3 im Mittel die höchste Härte aufweist. Region 2 ist durch eine vergleichsweise große Streuung von etwa ±21 HV0,5 gekennzeichnet.

    Die durchschnittliche Härte in Region 1 ist vergleichbar mit den Ergebnissen von
Yu et al. in einer ähnlichen Anwendung [YU-12]. Auffällig ist jedoch die Zunahme der
Härte über die Aufbauhöhe. Während die geringere Härte von Region 2 zu Region 3 über
die größeren Lamellen erklärt werden kann (Hall-Petch-Effekt), ist die geringere Härte im
Martensitbereich wahrscheinlich auf den vorher angesprochenen Effekt einer unzu-
reichenden Schutzgasabdeckung zurückzuführen. Dies hat einen größeren Einfluss bei einer hohen Struktur als bei den Einzelpurversuchen direkt in Substratnähe (vgl. Abschnitt
5.3.1). Die Wirkweise und nähere Untersuchungen der Sauerstoffaufnahme und deren
Auswirkungen auf Ti-6Al-4V werden in [KAH-86], [OH-11] beschrieben. In diesem Fall
überlagert der Effekt der Aufnahme von Sauerstoff ins Materialgefüge bei größeren Bau-
höhen die Ausbildung unterschiedlicher Gefügestrukturen und steigert damit die Härte
über die Aufbauhöhe.

    Der Versuch zeigt die signifikante Auswirkung inhomogener Temperaturfelder
während des Aufbauprozesses. So können unterschiedliche Gefügeausprägungen beobachtet werden, die auch in unterschiedlichen mechanischen Eigenschaften resultieren.
Dies deckt sich mit den Ergebnissen von Möller et al. [MÖL-17]. Weiterhin kann im Gegensatz zu den Einzelspurversuchen der Effekt einer Härtesteigerung des Materialgefüges
durch den Wärmestau und damit einhergehende Sauerstoffaufnahme im Prozess nachgewiesen werden. Die nachglühenden Bereiche im Prozess (vgl. Abbildung 5.15 oben) un-
terliegen keiner ausreichenden Schutzgasabdeckung mehr, sofern nicht zusätzliche
Schutzgasmaßnahmen angewendet werden.

## 5.4    Korrelation zwischen Geometrie und Prozessparametern

Die Untersuchungen in Abschnitt 5.2 zeigen eine deutliche Korrelation zwischen den geometrischen Zielgrößen und den thermischen Randbedingungen. Letztere werden von einer Vielzahl von Faktoren beeinflusst, wobei die Prozessparameter den zentralen Einfluss darstellen. In diesem Abschnitt wird daher untersucht, wie sich die Laserleistung und Geschwindigkeit als Haupteinflussfaktoren auf die Temperaturausprägung im Prozess auf die geometrischen Zielgrößen auswirken. Es soll gezeigt werden, ob eine Korrelation zwischen der Geometrie und den Prozessparametern besteht und wie sie sich bei temperatur- und damit auch zeitabhängigen Prozessparametern zueinander verhält.

### 5.4.1    Temperaturabhängige Prozessparameter

Einen vielversprechenden Ansatz zum Optimieren der geometrischen Zielgrößen beschreiben Möller et al. [MÖL-16]. Bei diesem Ansatz wird über ein Drei-Phasen-Prozessmodell der Prozessparameter Laserleistung mittels einer analytischen Beschreibung des Wärmestaus in einer Wandstruktur variabel eingestellt. Hieraus resultiert in jeder Auftragschweißlage eine individuelle Laserleistung, bis sich ab einer bestimmten Aufbauhöhe ein Gleichgewicht aus eingebrachter und abgeleiteter Energie ergeben soll. Aus diesem Vorgehen ergibt sich durch eine reduzierte Standardabweichung der Breite der aufgebauten Wandstruktur eine insgesamt homogenere Bauteilgeometrie.

Das auf dem Wärmestau basierende Prozessmodell ist jedoch nicht verallgemeinerbar, da es auf einer empirisch ermittelten Funktion der Laserleistung für eine Wand mit 70 mm Länge und 68 mm Höhe beruht. Dieser Ansatz wird dennoch für die Untersuchung und Beschreibung der Korrelation in diesem Abschnitt aufgegriffen.

Ergänzend zur variablen Laserleistung, wird der Ansatz im Folgenden um die Schweißgeschwindigkeit erweitert. Die eingebrachte Energie im Prozess bildet sich eben aus dem Quotienten der beiden Parameter (vgl. Streckenenergie Gleichung 2.3). Hierfür wird der optimierte Verlauf der Leistung von Möller et al. durch die Geschwindigkeit dividiert, um sie in die Streckenenergie umzurechnen. Basierend auf der dreigeteilten Funktion werden weitere Verläufe der Streckenenergie abgeleitet, um zu überprüfen, ob ein Optimum außerhalb dieses Verlaufes liegt. In Abbildung 5.17 sind die resultierenden Funktionen der Streckenenergie über die Lagenzahl aufgetragen.

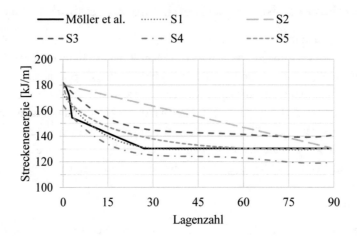

Abbildung 5.17:     Darstellung der zu untersuchenden unterschiedlichen Aufbaustrategien mit einer variablen Streckenenergie über die Lagenanzahl (in Anlehnung an [HEI-17A])

Da der Verlauf der Streckenenergie auf unterschiedliche Weise mit veränderlicher Leistung und Geschwindigkeit beschrieben werden kann, werden pro Funktion zwei Prozessstrategien untersucht. Es wird jeweils entweder die Leistung oder die Geschwindigkeit linear um den Ausgangswert gesteigert bzw. reduziert und der jeweils andere Parameter entsprechend Gleichung 2.3 angepasst. In Abbildung 5.18 sind die Verläufe am Beispiel der Strategie S5 mit einer linearen Abnahme der Laserleistung und quadratischem Verlauf der Geschwindigkeit (S5 v1) und einer linearen Zunahme der Geschwindigkeit und quadratischem Verlauf der Laserleistung (S5 v2) dargestellt.

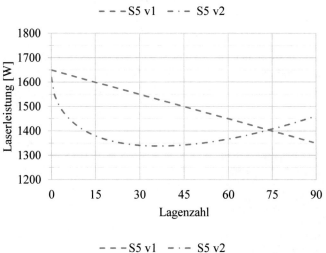

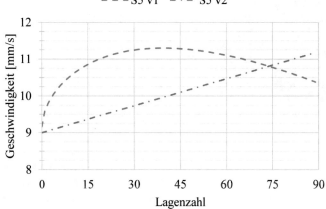

Abbildung 5.18:   Darstellung der Verläufe der Laserleistung (oben) und Geschwindigkeit (unten) für den Streckenenergieverlauf S5 aus Abbildung 5.17 mit dem Ansatz einer linearen Abnahme der Laserleistung und quadratischem Verlauf der Geschwindigkeit (S5 v1) und einer linearen Zunahme der Geschwindigkeit und quadratischem Verlauf der Laserleistung (S5 v2) (in Anlehnung an [HEI-17A])

Die Durchführung der Versuche für die unterschiedlichen Schweißstrategien erfolgt anhand einer hohen Wandstruktur, bestehend aus 90 Lagen (analog zu Abschnitt 5.3.2). Für S2 ist aufgrund des linearen Verlaufs nur eine Schweißstrategie abzuleiten. Als Referenz für die Bewertung wird zusätzlich eine Wand mit konstanten Parametern aufgebaut. Es werden damit insgesamt zehn unterschiedliche Schweißstrategien gegenübergestellt.

Zur Auswertung der unterschiedlichen Verläufe werden geometrische Kenngrößen herangezogen. Im Fokus steht hierbei die Standardabweichung der Wandstärke als Quali-

tätskriterium für einen homogenen Auftragschweißprozess. Als weitere Bewertungsgrößen werden die Bauhöhe und der Pulverwirkungsgrad herangezogen. Letzterer wird über
das Ist-Wandvolumen im Verhältnis zur Pulverfördermenge über die Prozesszeit berechnet. Um die Standardabweichung der Wandstärke zu bestimmen, werden alle Wände taktil
mit 200 Messpunkten je Seite entlang der Bauhöhe vermessen. In Abbildung 5.19 ist die
Auswertung der Wandstruktur exemplarisch mit den resultierenden Messwerten für S5 v2
dargestellt.

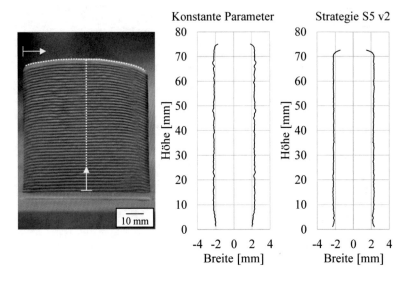

Abbildung 5.19:     Darstellung des Messprinzips mit 200 taktilen Messpunkten entlang der ver-
                    tikalen Wandseiten und -oberfläche (links) und ausgewerteter Messpunkte
                    exemplarisch an der Wand mit konstanten Parametern und der Aufbaustra-
                    tegie S5 v2 (rechts)

    Jede Strategie wird einmalig auftraggeschweißt und ausgewertet. Die Strategie mit
dem besten Ergebnis und auch die mit dem konstanten Parametersatz werden anschließend
drei weitere Male aufgebaut, um die Ergebnisse statistisch abzusichern. Es zeigt sich in
der ersten Auswertung, dass die Strategie S5 v2 in Bezug auf die angeführten Bewertungs-
kriterien die höchste Zielerfüllung aufweist und daher drei weitere Male zur statistischen
Absicherung auftraggeschweißt wird. Die Fehlerbalken sind daher nur bei dieser und der
mit konstanten Parametern eingezeichnet. Die Ergebnisse der Standardabweichung der
Wandbreite der Versuchsreihe sind in Abbildung 5.20 dargestellt.

    Bei den Ergebnissen fällt auf, dass jeweils die erste Variante v1 der Auftrag-
schweißstrategie zu signifikant höheren Standardabweichungen führt, obwohl diese den
identischen Streckenenergieverlauf mit der zweiten Variante v2 aufweisen. Hieraus lässt
sich ableiten, dass die Art der Variation der Parameter einen nicht zu vernachlässigenden
Einfluss auf das Schweißergebnis hat. Es sollten somit bei einer Variation der Parameter
eine lineare Zunahme der Schweißgeschwindigkeit und eine entsprechende Laserleistung
gewählt werden.

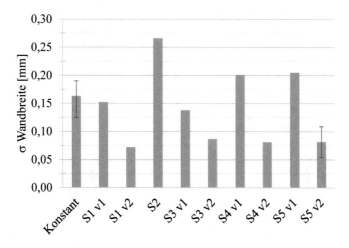

Abbildung 5.20: Darstellung der Standardabweichung $\sigma$ der Wandbreite der unterschiedlichen Schweißstrategien. Die Prozessstrategien „Konstant" und „S5 v2" sind vierfach aufgebaut worden und weisen daher auch einen Fehlerbalken auf.

Als Resultat dieser Versuchsreihe lässt sich mit den angepassten Parametern die Standardabweichung der Wandbreite um 49,9 % gegenüber einem Aufbau mit konstanten Parametern reduzieren. Die Standardabweichung der Wandbreite mit den konstanten Parametern beträgt 0,163 mm, ist damit bereits ein vergleichsweise sehr geringer Wert beim Auftragschweißen und lässt auf einen stabilen Einzelspurparameter schließen. Die Homogenisierung des Wandaufbaus hat dennoch einen entscheidenden Einfluss auf die Endbearbeitung. Als Offset für eine subtraktive Bearbeitung muss immer der geringste Querschnitt für die Auslegung verwendet werden. Wird die Zuverlässigkeit eines konstanten Wandquerschnitts mit diesem Ansatz erhöht, so können unmittelbar Zeit und Kosten in der Nacharbeit eingespart werden.

Die Ergebnisse dieser Versuchsreihe basieren auf einem empirischen Ansatz aus Untersuchungen an einer 70 mm langen und aus 90 bidirektional übereinandergeschweißten Einzelspuren bestehenden Wandstruktur. Die beste Aufbaustrategie aus dieser Versuchsreihe ist nicht auf beliebige Geometrien übertragbar, da die Temperaturausprägung geometrieabhängig ist und diese wiederum mit der Einzelspurausprägung korreliert. Im nächsten Abschnitt wird daher ein Ansatz vorgestellt, wie die ermittelten Korrelationen miteinander zu einer adaptiven Prozessauslegung verknüpft werden können.

## 5.4.2 Anwendbarkeit auf beliebige Geometrie

Um die Ergebnisse auf beliebige Geometrien übertragen zu können, bedarf es einer allgemeingültigen Formulierung der adaptiven Prozessstrategie. Im Abschnitt zuvor wurde gezeigt, dass sich die Korrelation zwischen einer fallenden Streckenenergie bei zunehmendem Wärmestau in einer Wandstruktur positiv auf die Qualität der Geometrie auswirkt. Unter der Annahme, dass ein höherer Energieeintrag zum Anfang des Prozesses die

Temperatur der Geometrie zwar schneller ansteigen lässt, jedoch gleichzeitig ein insgesamt geringerer Energieeintrag die Temperatur über die Lagenanzahl reduziert, können
die Beobachtungen vereinfacht wie in Abbildung 5.21 dargestellt zusammengefasst werden.

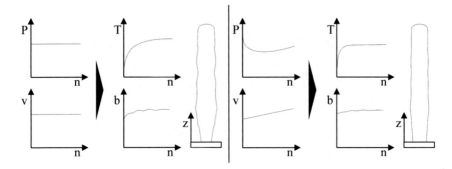

Abbildung 5.21:        Vereinfachte Darstellung der unterschiedlichen Ergebnisse zwischen kon-
                       stanten Prozessparametern (links) und der Auswirkung der über die Lagen-
                       zahl n angepassten Parameter Leistung P und Geschwindigkeit v (rechts) auf
                       die Temperatur T und Homogenität der Wandbreite b

Die Temperatur und damit verbundene Auswirkungen auf den Auftragschweißprozess sind jedoch zeit- und ortsabhängig. Das instationäre Temperaturfeld muss daher als
$T(x, y, z, t)$ beschrieben werden. Um im ersten Schritt dieses Temperaturfeld zu erhalten,
ist ein Simulationsmodell notwendig, das die einflussnehmenden Randbedingungen auf
die Wärmeübertragung für beliebige Geometrien berücksichtigt. Resultierend aus den Beobachtungen des vorangehenden Abschnitts wird der Ansatz entwickelt, die Spiegelfunktion des simulierten Temperaturfeldes als Verlauf für die zeit- und ortsangepasste Streckenenergie zu nutzen. Je schneller die Temperatur ansteigt, desto schneller wird mit dem
an der x-Achse gespiegelten Verlauf Energie aus dem System genommen. Für den richti-
gen Wertebereich muss dieser Graph entsprechend noch an der y-Achse verschoben (Ver-
schiebungsfaktor $K_2$) und in entsprechende Limits gestaucht (Stauchungsfaktor $K_1$) werden. Dieser Ansatz ist vereinfacht in Abbildung 5.22 skizziert.

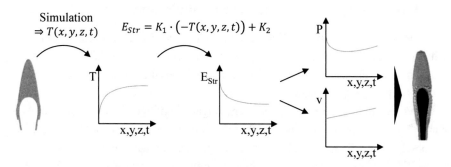

Abbildung 5.22: Aus den bisherigen Ergebnissen abgeleiteter Ansatz, die Spiegelfunktion des simulierten Temperaturfeldes als Verlauf für die Streckenenergie und damit adaptiven Prozessparameter zu verwenden

## 5.5    Entwicklung eines thermischen Simulationsmodells

Ziel dieser Arbeit ist die Entwicklung eines empirischen Prozessmodells für die Vorhersage optimierter Prozessstrategien. In diesem Abschnitt wird das dafür notwendige thermische Simulationsmodell entwickelt. Dabei muss es die Möglichkeit aufweisen, mit den empirisch ermittelten Daten aus den vorherigen Abschnitten verknüpft zu werden.

Zur Etablierung eines effizienten und allgemeingültigen Modells beschränkt sich die nachfolgende Modellierung auf die thermischen Prozessphänomene. Wie in Abschnitt 2.1.5 beschrieben, können Simulationsmodelle für den LPA-Prozess noch weitere physikalische Effekte beschreiben. Diese gehen allerdings mit einer gesteigerten Komplexität des Modells, längeren Berechnungszeiten sowie verringerter Stabilität des Modells einher. Im Vordergrund steht die industrielle Anwendbarkeit der Simulation für reale Bauteile und nicht der Labormaßstab einer Einzelspur oder sehr kleinen Geometrie.

Unter Zuhilfenahme der empirisch ermittelten Wechselwirkungen zwischen der Temperatur und den Geometrie- und Materialeigenschaften soll in diesen Untersuchungen ein effizientes numerisches Modell aufgesetzt werden, was eine ausreichende Detailtiefe für die adaptive Prozessauslegung und gleichzeitig eine geringe Berechnungszeit ermöglicht.

Das Simulationsmodell wird mit Comsol Multiphysics 5.5 aufgesetzt. Das Programm deckt eine große Bandbreite an physikalischen Anwendungen ab, die isoliert voneinander und gekoppelt miteinander betrachtet werden können. Es bietet im Ausblick damit die Möglichkeit, die thermische Simulation dieser Arbeit zu erweitern oder um andere physikalische Anwendungen zu ergänzen. Zusätzlich erlaubt es auch die Möglichkeit, das entwickelte Simulationsmodell in eine App zur vereinfachten Bedienung zu überführen. Dies ist für eine industrielle Verwertung relevant, da für die Bedienung einer solchen App kein Experte im Bereich Simulation mehr notwendig sein soll.

### 5.5.1    Beschreibung der Wärmeleitungsmechanismen und Randbedingungen

Kern der Modellierung sind die thermischen Phänomene im LPA-Prozess. Da die Modellierung auf Makro-Ebene stattfinden soll, um Realbauteile vollständig simulieren zu können, müssen sinnvolle Abstraktionen der Realumgebung implementiert und in experimentellen Untersuchungen validiert werden. Zielstellung ist eine für die empirischen Daten hinreichend genaue Vorhersage der zu erwartenden Temperaturen im Prozess.

#### 5.5.1.1    *Energiebilanz*

Um die für dieses Modell notwendigen Wärmeleitungsmechanismen zu ermitteln, erfolgt zunächst eine detaillierte Betrachtung der Energiebilanz. Bezugnehmend auf die Energiebilanz aus Abschnitt 2.1.5.1 kann diese wie folgt um weitere (Verlust-)Leistungen ergänzt werden:

I.    Laser-Pulver-Interaktion:

Bevor die Laserstrahlung die Substratoberfläche erreicht, wird bereits ein Teil dieser Leistung durch den Pulver-Gas-Strom absorbiert. Die Partikel werden aufgeheizt und treffen in der Folge bereits mit einem höheren Energieniveau ins lokale Schmelzbad auf der Substratoberfläche auf. Pulverpartikel, die sich zwar aufheizen, bedingt durch ihre Flugbahn jedoch nicht ins Schmelzbad gelangen, entziehen dem System einen Teil der Energie. Zusammenfassend treten zum einen Reflexionsverluste $-\dot{Q}_{LPI,refl}$ durch die von Partikeln gestreute Laserstrahlung auf. Zum anderen kommt es zu Absorptionsverlusten $-\dot{Q}_{LPI,abs}$ durch Pulverpartikel, die nicht ins Schmelzbad gelangen.

II.  Laser-Substrat-Interaktion:

Jeder reale Körper hat einen Emissionsgrad, der angibt, wie viel Strahlung über seine Oberfläche aufgenommen und reflektiert wird. Durch die reflektierende Laserstrahlung ergibt sich eine Verlustleistung $-\dot{Q}_{LSI,refl}$ an der Substratoberfläche. Diese kann teilweise zurück auf die anströmenden Partikel treffen, wodurch die Verlustleistung leicht reduziert wird: $\dot{Q}_{LSI,refl,ges} = -\dot{Q}_{LSI,refl} + \dot{Q}_{LSPI,refl}$.

III.  Energieübertrag durch Konduktion, Konvektion und Strahlung:

Bei allen Oberflächen, die eine höhere Temperatur als ihre Umgebung aufweisen ($T_O > T_U$), gehen Energieströme durch Konvektion $-\dot{Q}_{konv}$ und Strahlung $-\dot{Q}_{str}$ aus. In Kontakt mit anderen Oberflächen kommt die Festkörperwärmeleitung $-\dot{Q}_{kond}$ dazu.

IV.  Kinetische Energie der Pulverpartikel:

Da die Partikel des Pulver-Gas-Stroms eine relative Geschwindigkeit in Richtung Substrat aufweisen, bringen diese einen Teil kinetischer Energie $\dot{Q}_{kin,part}$ in die Systemgrenze beim LPA ein.

V.  Erzwungene Konvektion durch den Gasstrom:

Sowohl das Schutz- als auch das Fördergas werden unmittelbar auf den Schmelzpunkt im Prozess gerichtet und müssen daher in der Energiebilanz berücksichtigt werden. Da die Fluide in teilweise hoher Geschwindigkeit strömen, gehen diese Terme als erzwungene Konvektion mit $-\dot{Q}_{konv,erzw,SG}$ und $-\dot{Q}_{konv,erzw,FG}$ in die Bilanz mit ein.

Damit wird Gleichung 2.13 erweitert zu:

$$\dot{Q}_L + \dot{Q}_{kin,part} =$$

$$\dot{Q}_{LPI} + \dot{Q}_{LSI} + \dot{Q}_{kond} + \dot{Q}_{konv} + \dot{Q}_{str} + \dot{Q}_{LPI,refl} + \qquad 5.5$$

$$\dot{Q}_{LPI,abs} + \dot{Q}_{konv,erzw,SG} + \dot{Q}_{konv,erzw,FG}$$

Unter Berücksichtigung aller genannten Energieströme kann nachfolgend die Wärmequelle für das Simulationsmodell ausgelegt werden. Um hierbei die Berechnung zu vereinfachen, kann der Energieeintrag $\dot{Q}_{in}$ unter Berücksichtigung von Gleichung 5.5 im Vorfeld zusammengefasst werden. Über die Systemgrenze für das Laser-Pulver-Auftragschweißen eingebrachte Energie kann damit wie folgt dargestellt werden:

$$\dot{Q}_{in} = \dot{Q}_L + \dot{Q}_{kin,part} - \dot{Q}_{LPI,refl} - \dot{Q}_{LPI,abs} - \dot{Q}_{konv,erzw,SG} - \dot{Q}_{konv,erzw,FG} \qquad 5.6$$

Als Randbedingung für Gleichung 5.6 werden die genannten Energieströme als stationär, also nicht zeitabhängig, angenommen. Dies ist näherungsweise zulässig, wenn sich der Pulvermassen-, der Fördergas- und der Schutzgasstrom im Prozess nicht verändern. Nicht zulässig ist dieser Ansatz für die erzwungene Konvektion, da diese temperatur- und damit auch zeitabhängig ist. In der Literatur wird dieser Term oftmals vernachlässigt, da es aufgrund der Strömungsmechanik sehr komplex ist, einen validierten Faktor oder ein Verhältnis für die Abkühlung durch die Gasströmung zu erhalten. Der Einfluss der Abkühlung durch die erzwungene Konvektion des Schutzgasstroms $\dot{Q}_{konv,erzw,SG}$ und Fördergasstroms $\dot{Q}_{konv,erzw,FG}$ wird daher an dieser Stelle zunächst vernachlässigt. In der Validierung des Modells wird dieser Punkt nochmals aufgegriffen.

Die Anteile an Reflexion $\dot{Q}_{LPI,refl}$ und Absorption $\dot{Q}_{LPI,abs}$ in der Laser-Pulver-Interaktion oberhalb des Schmelzbades sind detailliert in [PIC-94], [QI-06], [KOV-11] beschrieben. Die Interaktion ist dabei stark abhängig von der verwendeten Anlagentechnik und den Prozessparametern. Die Wechselwirkung muss in der Regel experimentell ermittelt werden. Möller beschreibt in seinen Versuchen die Wechselwirkung zwischen dem Laserstrahl und dem Pulvermassenstrom für dieselbe Anlagentechnik dieser Arbeit [MÖL-21]. Es wurde darin für unterschiedliche Pulvermassenströme aus Ti-6Al-4V die Absorption der Laserleistung untersucht. Für den Pulvermassenstrom der Titanversuche aus Tabelle 5.5 dieser Arbeit wird nach Möller ein Transmissionsgrad von 0,95 als Ergebnis angegeben. Dieser Wert wird für die nachfolgende Modellierung näherungsweise angenommen. Für die Berücksichtigung der Energieverluste durch nicht aufgeschmolzenes Pulver wird der Wert der in die Pulverwolke übergegangenen Laserleistung mit dem Pulverwirkungsgrad multipliziert und von der Gesamtenergiebilanz abgezogen. Dieser Ansatz berücksichtigt in erster Näherung mit einem konstanten Quellterm die Verlustleistung, ohne das Simulationsmodell in der Berechnung komplexer und damit rechenintensiver zu machen.

Die über die Pulverpartikel eingebrachte kinetische Energie in Joule kann mit Gleichung 5.7 abgeschätzt werden:

$$E_{kin} = \frac{1}{2}mv^2 \qquad 5.7$$

Mit dem Pulvermassenstrom aus Tabelle 5.5 und einer für das Laser-Pulver-Auftragschweißen annehmbaren Geschwindigkeit der einzelnen Partikel von bis zu $3\,m/s$

[BRÜ-07], [IBA-11] kann Gleichung 5.7 durch $m = \dot{m}t$ erweitert und berechnet werden
zu:

$$\dot{Q}_{kin,part} = \frac{1}{2}\dot{m}v^2 t = \frac{1}{2} \cdot \frac{11,81 \times 10^{-3}}{60}\frac{kg}{s} \cdot 9\frac{m^2}{s^2} \cdot t = 0,886 \text{ mW} \cdot t \qquad 5.8$$

Dieser vereinfacht berechnete Anteil an der Energiebilanz im Milliwattbereich ist
im Verhältnis zur eingebrachten Laserstrahlung vernachlässigbar klein. Der Term
$\dot{Q}_{kin,part}$ wird daher in der Modellierung der Energiebilanz nicht weiter berücksichtigt.

Der über die Laserleistung zentral eingebrachte Energieanteil $\dot{Q}_L$ ergibt sich aus
dem Parametersatz für die jeweilige Legierung. Neben der Leistung hat allerdings auch
das Intensitätsprofil der Laserstrahlung im Bearbeitungspunkt einen Einfluss auf die Energieeinbringung. Dieser Aspekt wird im folgenden Abschnitt näher betrachtet.

### 5.5.1.2 Wärmequelle

Die Ersatzwärmequelle für den LPA-Prozess wird unter Berücksichtigung der Li-
teraturergebnisse aus Abschnitt 2.1.5.2 modelliert. Ziel ist eine bewegte Wärmequelle, die
richtungsunabhängig die gesamte Bewegungsbahn der Prozessdüse für beliebige Bauteilgeometrien abbilden kann. Hierfür ist eine Schnittstelle zu einem Datenvorbereitungspro-
gramm notwendig, die in Abschnitt 5.5.1.4 beschrieben wird.

Für die Realisierung eignet sich insbesondere die Verwendung einer hemisphärischen Wärmequelle nach Gleichung 2.15. Über eine volumetrische Energieeinbringung
soll die Temperaturausprägung hinreichend genau beschrieben werden. Die schmelz-
badabhängigen Zustandsgrößen für die Goldak-Wärmequelle aus Gleichung 2.16 können
durch das Makro-Modell nicht effizient abgebildet werden und würden mit konstanten
Werten lediglich zu einer Intensivierung der Rechenzeit führen. Mit dem Verlustfaktor
durch die Pulverwolke von 0,95 aus Abschnitt 5.5.1.1 kann die Gleichung 2.15 wie folgt
in dem Simulationsmodell implementiert werden:

$$\dot{q}_L(x,y,z) = 0,95\frac{6P_L}{\pi\sqrt{\pi}r_L^3}e^{-\frac{3r_f^2}{r_L^2}} \qquad 5.9$$

### 5.5.1.3 Lagenaktivierung

3D-Druck-Verfahren sind durch den lagenweisen Aufbauprozess charakterisiert.
Somit wird über die Zeit Material hinzugefügt und damit die aufzubauende Geometrie
erzeugt. Für die Simulation ergibt sich hierdurch die Randbedingung, dass zwar eine
CAD-Datei des finalen Bauteils vorhanden ist, jedoch diese für die Berechnung erst über
die Prozesszeit entsteht. Um nicht jede Einzelspur oder Lage separat zu konstruieren, zu
modellieren und gekoppelt berechnen zu lassen, bedarf es einer effizienteren Lösung, um
die vollständige Geometrie in einem Simulationsschritt zu berechnen.

Damit ein Körper Energie aufnehmen und so beispielsweise seine Temperatur verändern kann, besitzt jeder Körper eine Wärmekapazität $C$. Der Begriff stammt aus der Thermodynamik und bezeichnet das Verhältnis, wie viel Energie einem Körper zugeführt werden muss, um eine Temperaturerhöhung zu bewirken:

$$C = \frac{\partial Q}{\partial T} \qquad\qquad 5.10$$

Bei einem homogenen Material ist die Wärmekapazität das Produkt aus der spezifischen Wärmekapazität $c_P$ und der Masse $m$. Die spezifische Wärmekapazität ist temperaturabhängig und muss daher auch im Modell berücksichtigt werden.

Das Verhältnis aus Gleichung 5.10 kann jedoch für die Lagenaktivierung genutzt werden, um die CAD-Geometrie nicht teilen zu müssen, sondern über ortsabhängige Stoffwerte, in diesem Fall speziell die spezifische Wärmekapazität, das Modell zu unterteilen. Damit kann der Teil der CAD-Geometrie „deaktiviert" werden, der zum Zeitpunkt $t$ im Prozess noch nicht entstanden ist. Im ersten Ansatz kann damit jede zu erzeugende Lage einzeln aktiviert werden. Umgesetzt wird dies über eine Laufvariable, die der jeweils vorangegangenen erzeugten Schicht des CAD-Modells den realen Stoffwert des Materials zuordnet und den restlichen erst noch aufzubauenden Schichten einen Wert nahe null zuordnet. Die Gleichsetzung zu null ist nicht definiert und führt bei der Berechnung des Modells zu Singularitäten. Es wird folgende Randbedingung in Comsol implementiert:

$$if\big((Z < Z_{akt}(t)) = \text{true, then } c_p = c_p(T), \text{else } c_p = 0{,}1\big) \qquad 5.11$$

Hierbei repräsentiert $Z$ die globale Ebene relativ zum Koordinatensystemursprung und $Z_{akt}(t)$ eine zeitabhängige Variable. Basierend auf der Bahnplanung startet $Z_{akt}$ bei null und steigt mit jeder Schicht um dessen Betrag der Höhe an. Wenn die Bedingung $Z < Z_{akt}(t)$ erfüllt ist, wird damit dem Material unterhalb von $z_{akt}$ der reale Materialwert zugeordnet, während dem Material oberhalb von $z_{akt}$ der Wert $c_p = 0{,}1$ zugeordnet wird. 0,1 repräsentieren dabei einen Wert nahe null.

Zur Veranschaulichung ist diese Randbedingung in Abbildung 5.23 schematisch dargestellt. Die Ersatzwärmequelle bewegt sich entlang der aufzubauenden Wandstruktur und das Material oberhalb dieser wird deaktiviert und unterhalb mit den korrekten Materialkennwerten aktiviert.

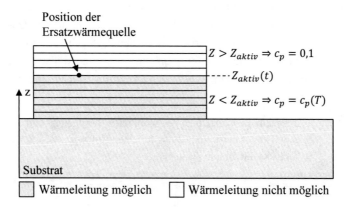

Position der
Ersatzwärmequelle

$$Z > Z_{aktiv} \Rightarrow c_p = 0,1$$

$$\cdots Z_{aktiv}(t)$$

$$Z < Z_{aktiv} \Rightarrow c_p = c_p(T)$$

Substrat

☐ Wärmeleitung möglich        ☐ Wärmeleitung nicht möglich

Abbildung 5.23:    Schematische Darstellung des Laser-Pulver-Auftragschweißens einer Wand
mit der Veranschaulichung der Randbedingung zum lagenweisen Aktivieren
der Materialkennwerte

Dieser Ansatz vereinfacht die Betrachtung zwischen Modell und Realität je nach
Anwendung. Das Material in einer Ebene wird gleichzeitig aktiviert, was bei der Betrachtung dünnwandiger Strukturen mit vielen Lagen, wie im 3D-Druck, hinreichend genaue
Ergebnisse liefern sollte. Soll demgegenüber Material ausschließlich in einer Ebene aufgebracht werden, wie beispielsweise in der Beschichtungstechnik, eignet sich dieser Ansatz nur bedingt. Da bereits das gesamte Material in der Fläche zum Anfang der Berechnung für die Wärmeübertragung berücksichtigt wird, ergibt sich eine stärker von der Realität abweichende Wärmeübertragung. Solange das Substratmaterial jedoch deutlich größer ist als die flächige Beschichtung, wird die Festkörperwärmeleitung weiterhin in Richtung Substrat dominiert.

### 5.5.1.4    Schnittstelle für die Bahnplanung

Für die Simulation des Temperaturfeldes über die Prozesszeit ist ein transientes,
also zeitabhängiges, Modell notwendig. Der Solver ist damit auch zeitabhängig und berechnet zu definierten Schrittweiten und Zeitpunkten die Temperatur an den Knotenpunkten der Vernetzung. Für die Bewegung der Ersatzwärmequelle ist demnach ebenfalls ein
zeitabhängiges Format notwendig. Die Bewegungsbahn für die Handhabungseinheit wird
bei Datenvorbereitungsprogrammen allerdings in der Regel nur orts- und nicht zeitabhängig generiert und mit einer Prozessgeschwindigkeit versehen. Daher wird eine Schnittstelle benötigt, die die Ortskoordinaten umrechnet und in ein für Comsol geeignetes Format konvertiert.

Es wird eine Schnittstelle zu der am Fraunhofer IAPT entwickelten Bahnplanungssoftware *SliceME* ([PRA-18], [HEI-21]) für DED-Prozesse vorgesehen, da hiermit die
größte Flexibilität gewährleistet wird. Die Simulationsergebnisse mit einer kommerziellen
Software zu verknüpfen, bedarf einer geeigneten offenen Schnittstelle des Anbieters.

Im ersten Schritt wird das reguläre Datenformat für die Bahnplanung des KUKA-Roboters um alle für die Simulation nicht relevanten Einträge reduziert. Das angepasste Dateiformat wird in Tabelle 5.6 exemplarisch an der Bewegungsbahn für ein Viereck mit einer Kantenlänge von 50 mm aufgezeigt. Zum und vom Schweißstartpunkt wird um 30 mm in z-Richtung ohne Laserleistung gefahren (Anfahrts- und Wegfahrbewegung der Handhabungseinheit).

Tabelle 5.6:          Beispielhafte Darstellung der bereinigten Bewegungs- und Schweißdaten, generiert aus der Bahnplanung für einen Auftragschweißprozess eines Vierecks mit 50 mm Kantenlänge

| $x\ [mm]$ | $y\ [mm]$ | $z\ [mm]$ | $v\ [m/s]$ | weld[1] |
|-----------|-----------|-----------|------------|---------|
| 0  | 0  | 30 | 0,03 | nw |
| 0  | 0  | 0  | 0,01 | ws |
| 50 | 0  | 0  | 0,01 | w  |
| 50 | 50 | 0  | 0,01 | w  |
| 0  | 50 | 0  | 0,01 | w  |
| 0  | 0  | 0  | 0,01 | we |
| 0  | 0  | 30 | 0,03 | nw |

[1] nw: non-weld; w: weld; we: weld-end; ws: weld-start.

Für das transiente Modell in Comsol werden die Daten in zeitabhängige Größen umgerechnet und mit der Wärmequelle in Comsol verknüpft. Damit erhält das Programm automatisch die Informationen über die Bewegung und Aktivzeit (Laser ein/aus) der Wärmequelle. Das Beispiel aus Tabelle 5.6 wird umgerechnet und das zu importierende resultierende Datenformat ist in Tabelle 5.7 dargestellt. Die Schichthöhe beträgt 1,03 mm und der Wert $Z_{akt}$ gibt die jeweils aktive Schweißlage an.

Tabelle 5.7:          Resultierendes Datenformat für den Import der Bewegungs- und Laserleistungsdaten für die Wärmequelle, in Comsol Multiphysics umgerechnet von dem Beispiel aus Tabelle 5.6

| $t\ [s]$ | $x\ [mm]$ | $y\ [mm]$ | $z\ [mm]$ | $Z_{akt}\ [mm]$ | $P\ [W]$ |
|----------|-----------|-----------|-----------|-----------------|----------|
| 0  | 0  | 0  | 30 | 1,03  | 0    |
| 1  | 0  | 0  | 0  | 1,03  | 1500 |
| 6  | 50 | 0  | 0  | 1,03  | 1500 |
| 11 | 50 | 50 | 0  | 1,03  | 1500 |
| 16 | 0  | 50 | 0  | 1,03  | 1500 |
| 21 | 0  | 0  | 0  | 1,03  | 1500 |
| 22 | 0  | 0  | 30 | 2,06[1] | 0  |

[1] Beginn der nächsten Lage, daher $Z_{akt}$ um Lagenhöhe bereits hochgesetzt.

Es findet damit eine Umrechnung der Koordinatenpunkte in Kombination mit der Soll-Schweißgeschwindigkeit in zeitabhängige Positionsdaten der bewegten Wärmequelle statt. Die Beschleunigung des Handhabungssystems wird bei der Umrechnung ver-

nachlässigt, da aus den Bahnplanungsdaten keine Informationen dazu hervorgehen können, wie schnell die Soll-Geschwindigkeit erreicht wird. Da die Geschwindigkeiten beim
Auftragschweißen vergleichsweise gering sind, wird dieser Effekt als vernachlässigbar
angesehen. Die Umrechnung ist weiterhin nur für Linearbefehle bei Robotersystemen zulässig. Bei einer PTP(Point-To-Point)-Bewegung verfährt der Roboter seine Achsen, wie
es für diese am effizientesten ist. Da der Bearbeitungspunkt (Tool-Center-Point TCP) somit nicht linear zwischen zwei Koordinaten verfährt, kann die Dauer folglich nicht berechnet werden. Dies ist für alle Prozessbewegungen unkritisch, da PTP-Bewegungen nur
für die An- und Wegfahrbewegungen verwendet werden, nicht jedoch im Prozess. Daraus
abgeleitet ergibt sich die Randbedingung, dass zwischen einem Schweißendpunkt und
dem nächsten Schweißstartpunkt keine PTP-Bewegung vorgesehen werden darf. Die In-
terpolation der Strecke für die Simulation entspricht ansonsten nicht der Realbewegung
und damit einhergehend nicht der korrekten Zeit zwischen den Punkten, die jedoch einen
signifikanten Einfluss auf das Abkühlverhalten hat.

Die Daten werden in Comsol über zwei Funktionen eingelesen. Für eine stetige
Funktion der Bewegungsbahn (x, y, z) werden die Punkte zwischen zwei LIN-Befehlen
aus dem Roboterprogramm linear interpoliert. Die Laserleistung hingegen wird über die
Heaviside-Funktion $H(x)$ eingelesen, um das Ein- und Ausschalten der Laserleistung an
der jeweiligen Koordinate abzubilden. Hierbei wird die Laserrampe, also die Ein- und
Ausschaltdauer, bis die Soll-Leistung erreicht wird, vernachlässigt. Die Laserrampe beträgt in den Experimenten zwischen 10 und 60 ms und die Schrittweite in der Simulation
zwischen 100 und 500 ms. Die Verwendung der Heaviside-Funktion ist damit hinreichend
genau.

### 5.5.1.5    Modellumgebung

Die Simulation ist stets eine Abstraktion der Realität auf das Notwendigste. Daher
werden für das Modell nur die zur Berechnung des Temperaturfeldes erforderlichen Elemente mit modelliert. Dies beinhaltet eine Abstraktion des Bearbeitungstisches und der
Spanntechnik, des Substrates, auf dem auftraggeschweißt wird, und der CAD-Geometrie
des zu erzeugenden Bauteils. Applikations- und anlagenspezifische Erweiterungen, die für
die thermischen Randbedingungen relevant sind (wie beispielsweise eine Substratkühlung
oder eine Schutzgas-Einhausung), sind bei Bedarf separat zu berücksichtigen.

Die Abstraktion des Tisches und der Spanntechnik wird vereinfacht über die Umrechnung der Wärmekapazität $C$ der Realbauteile auf quaderförmige Geometrien realisiert. Die Wärmekapazität eines Körpers wird dabei wie folgt beschrieben:

$$C = c_p m \qquad\qquad 5.12$$

Hierbei wird die spezifische Wärmekapazität $c_p$ aus den jeweiligen Materialdaten
verwendet und die Masse $m$ der realen Körper gemessen. Das Gewicht wird über die
Dichte des Materials in ein Volumen umgerechnet und mit sinnvollen Proportionen in

einem Quader abstrahiert. Die Wärmekapazität zwischen Realbauteil und Quader bleibt somit konstant. Für die Berechnung des Temperaturfeldes liegt somit eine deutlich vereinfachte Geometrie vor. Die daraus resultierende Modellumgebung in Comsol Multiphysics mit einem Beispielbauteil ist in Abbildung 5.24 dargestellt.

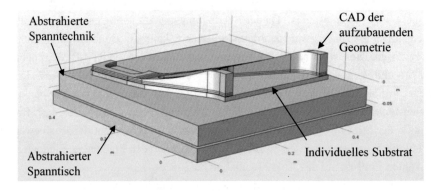

Abbildung 5.24:        Abstrahierte Modellumgebung in Comsol Multiphysics für die Simulation der thermischen Randbedingungen beim Laser-Pulver-Auftragschweißen

Für die Modellumgebung müssen neben der Geometrie auch die Umgebungsrandbedingungen definiert werden. Die Umgebungstemperatur fließt dabei in Gleichung 2.10 und 2.12 ein und sollte nicht konstant als Raumtemperatur gesetzt werden. Im Versuch aus Abschnitt 5.3.2 wird über ein Thermoelement die Umgebungstemperatur in einem Abstand von 30 mm zur Wand aufgezeichnet. Es zeigt sich ein Anstieg der Umgebungstemperatur innerhalb von 300 s auf ein stabiles Maximum von 100 °C bis zum Ende des Versuchs. Dieser Temperaturanstieg wird über eine Funktion im Modell für $T_U$ berücksichtigt.

Die Wärmeübertragung wird im Modell nach dem Fourierschen Gesetz, wie in Abschnitt 2.1.5.1 beschrieben, für die Konduktion (Gleichung 2.8), freie Konvektion (Gleichung 2.10) und Strahlung (Gleichung 2.12) angewendet. Die erzwungene Konvektion infolge des Schutz- und Fördergasstroms wird an dieser Stelle zunächst vernachlässigt.

Da die Modellumgebung aus unterschiedlichen Komponenten besteht, sind Randbedingungen zwischen den Kontaktflächen dieser Körper zu definieren. Zwischen dem Substrat und der aufzubauenden Geometrie findet eine Aufmischung statt, sodass der Wärmefluss zwischen diesem Kontaktpaar keinen signifikanten Widerstand erfährt. Zwischen zwei aufeinanderliegenden Körpern wiederum findet ein erhöhter Widerstand in der Konduktion statt, da reale Flächen immer eine Rauheit aufweisen und dadurch Zwischenräume aus Luft im Kontaktpaar vorliegen [MAD-14]. Dieser Effekt wird in Comsol über die Cooper-Mikic-Yovanovich-Beziehung [YOV-03] berücksichtigt und zwischen Substrat zu Spanntechnik und Spanntechnik zu Tisch definiert.

### 5.5.1.6 Materialmodell

Für die Simulation werden die relevanten Kennwerte für jedes Material benötigt. Da diese in der Regel temperaturabhängig sind, müssen die Daten über entsprechende Funktionen eingebunden werden.

Die legierungsspezifischen Kennwerte müssen individuell in Experimenten ermittelt oder es müssen Literaturdaten verwendet werden. Eine Herausforderung, die sich in der Literaturrecherche ergibt, besteht darin, dass verschiedene Quellen unterschiedliche Kennwerte zu dem identischen Material ermittelt haben und für ihre Modelle verwenden. Dies kann teilweise mit Messungenauigkeiten, einer unterschiedlichen Messmethodik oder anderen Ursachen erklärt werden. Es existiert jedoch damit kein konsistentes Materialmodell für die beiden Legierungen zwischen Raumtemperatur und Schmelzpunkt in der Literatur, auf das allgemeingültig zurückgegriffen werden kann.

Bartsch et al. haben eine umfangreiche Studie zu den vorhandenen Materialmodellen für Ti-6Al-4V und deren Ergebnisse veröffentlicht [BAR-21]. Auf dieser Grundlage und mit eigenen Versuchen wird die Basis für ein konsistentes Materialmodell für den Laser-Pulverbett-Prozess mit Ti-6Al-4V von den Autoren entwickelt. Die Ergebnisse zeigen jedoch auch, dass einerseits die Literaturwerte inkonsistent sind und andererseits insbesondere für höhere Temperaturen verschiedene Stoffwerte nicht verfügbar sind.

Um ein reproduzierbares Modell zu erstellen, wird in dieser Arbeit auf die Materialbibliothek von Comsol Multiphysics 5.5 zurückgegriffen. Diese bezieht die Materialwerte aus den Datenbanken von *MacMillan's Chemical and Physical Data* und dem *CRC Handbook of Chemistry and Physics* [JAM-92], [LID-03]. Dadurch wird auch eine Erweiterung des Modells ermöglicht, zusätzliche Materialien aus der gleichen Materialdatenbank für die Prozessoptimierung zu nutzen. Die temperaturabhängigen Materialkennwerte für In625 und Ti-6Al-4V sind in Abbildung 5.25 und Abbildung 5.26 dargestellt.

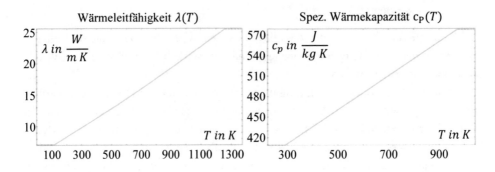

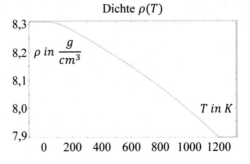

Abbildung 5.25:        Darstellung der Materialkennwerte Wärmeleitfähigkeit, spezifische Wärme-
                       kapazität und Dichte von In625 für das Simulationsmodell, basierend auf
                       [JAM-92], [LID-03]

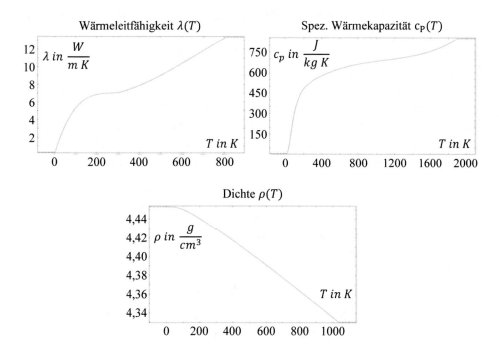

Abbildung 5.26: Darstellung der Materialkennwerte Wärmeleitfähigkeit, spezifische Wärmekapazität und Dichte von Ti-6Al-4V für das Simulationsmodell, basierend auf [JAM-92], [LID-03]

### 5.5.1.7 Vernetzung

Für die Vernetzung des Modells gibt es unterschiedliche Elementtypen (vgl. Abschnitt 2.1.5.3). Aus der Literatur geht hervor, dass Hexaederelemente die genausten Ergebnisse zur Beschreibung von Wärmeleitungsvorgängen liefern. Eine strukturierte Vernetzung der Geometrien dieser Arbeit ist daher immer mit Hexaederelementen zu präferieren. Eine automatische Vernetzung speziell bei komplexen Geometrien ist jedoch nur mit Tetraederelementen möglich. Bei Freiformgeometrien muss daher auf diese zurückgegriffen werden, sofern keine Vernetzung mit Hexaederelementen möglich ist.

Die Simulation soll auf Bauteilebene stattfinden, sodass die Netzgröße den zentralen Faktor bei der Rechenzeit darstellt. Es ist ein Kompromiss aus Rechenzeit und Genauigkeit zu finden, der die Netzgröße bestimmt.

Hinzu kommt die Entscheidung, ob lineare oder quadratische Elemente angewendet werden sollten. Quadratische Elemente zeichnen sich durch eine höhere Genauigkeit mit jedoch längerer Rechenzeit bei gleicher Elementgröße aus. In der Anwendung der Simulation zeigen sich zwei für die Elementgröße limitierende Faktoren. Wenn die Kantenlänge der Elemente größer als der Laserstrahldurchmesser ist, kann der Temperaturgradient der Wärmequelle nicht mehr sinnvoll abgebildet werden und es kommt zu Konvergenzproblemen bei der Berechnung. Die Kantenlänge in der Ebene muss also kleiner als der Laserstrahldurchmesser gesetzt werden. Weiterhin zeigen sich die gleichen Herausforderungen, wenn die Kantenlänge in der Vertikalen über die Spurhöhe hinausgeht. Dies ist auf den Ansatz der Lagenaktivierung in Abschnitt 5.5.1.3 zurückzuführen und reduziert die mögliche Kantenlänge weiter. Es folgen daraus Netzelemente mit einer Kantenlänge, die kleiner oder gleich der Spurhöhe des verwendeten Parameters entsprechen sollten. Mit steigender Bauteilgröße kann damit nicht die Netzgröße erhöht werden, sondern nur die Elementanzahl. Durch diese Randbedingungen werden keine quadratischen, sondern lineare Netzelemente in höherer Anzahl und geringerer Elementgröße verwendet. Dieser Ansatz wird auf alle Geometrien angewendet, die in Kontakt mit der Ersatzwärmequelle kommen.

Das restliche Substrat, die abstrahierte Spanntechnik und der Spanntisch können vergleichsweise grob vernetzt werden. Für eine automatisierte Vernetzung und freie Anbindung an die Bauteilgeometrie werden hierfür je nach Anwendung Hexaeder- oder Tetraederelemente verwendet.

## 5.5.2    Validierung des Modells mittels Pyrometrie

Zur Bewertung des Modells und ob die berechneten Temperaturen hinreichend genau für die Prozessoptimierung sind, wird eine Validierung der Simulationsergebnisse mit einer Temperaturmessung in Validierungsexperimenten durchgeführt.

Hierfür wird dasselbe Pyrometer wie in Abschnitt 4.3.2 vorgestellt verwendet, jedoch in diesem Fall nicht an der Bearbeitungsoptik befestigt, sondern statisch auf einen Punkt ausgerichtet. Aufgrund eingeschränkter Zugänglichkeit kann nicht senkrecht auf der Auftragschweißspur-Oberfläche gemessen werden. Das Pyrometer wird daher unter einem 70°-Winkel zur Oberfläche ausgerichtet. Da sich die Geometrie schichtweise erhöht, verschiebt sich der Messpunkt aufgrund des Winkels in der Horizontalen in jeder Schicht. Im Abgleich mit den Simulationsergebnissen wird diese Verschiebung berücksichtigt. Der Mess- und Versuchsaufbau ist in Abbildung 5.27 schematisch dargestellt.

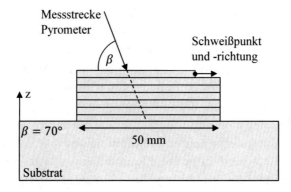

Abbildung 5.27:        Schematische Seitenansicht der Hohlwürfelgeometrie mit 50 mm Kantenlänge und Verlauf der Messpunkte des Pyrometers in einem 70°-Winkel zur Oberfläche der jeweiligen Schicht

Die Versuche werden mit den optimierten Parametern für die Einzelspuren aus Tabelle 5.5 durchgeführt. Der Messfleck auf der Oberfläche wird durch die Bearbeitungsoptik kurzzeitig verdeckt, was zu einem sprunghaften Abfall der Temperatur der Messergebnisse führt. Genau gegensätzlich verläuft das Ergebnis der Simulation, da an dieser Stelle die Temperatur im Schmelzbad simuliert wird. Die Verläufe aus der Messung und der Simulation lassen sich damit nicht in allen Bereichen abgleichen. In Abbildung 5.28 ist der Bereich, in dem der Messfleck durch die Bearbeitungsoptik verdeckt wird, in Gelb dargestellt. Der zur Validierung auswertbare Bereich ist grün markiert. Zur besseren Lesbarkeit zeigt die Abbildung nur einen Teil der aufgezeichneten Messung.

Zwischen den Simulations- und den Messergebnissen zeigt sich ein anfangs konstantes Delta. Die Simulationswerte liegen in Abbildung 5.28 durchgängig über den Versuchswerten. Wohingegen die Abkühlkurven einen vergleichbaren Verlauf zeigen. Über die gesamte Messstrecke liegen die Simulationsergebnisse anfangs mit 30 °C unter den Versuchsergebnissen und bei der letzten Schicht mit 105 °C über den Messwerten. Im Mittel beträgt die Abweichung zwischen Simulation und Versuch 10,1 %.

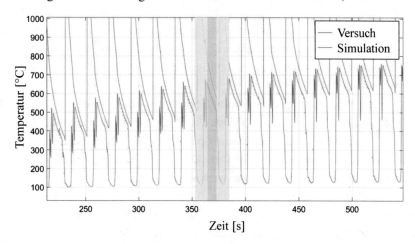

Abbildung 5.28: Ausschnitt des Temperaturverlaufs der Messung mittels Pyrometer und Simulationsergebnisse beim LPA eines Hohlwürfels aus Ti-6Al-4V mit 50 mm Kantenlänge. Für die Auswertung kann aufgrund der Verdeckung des Messflecks im Prozess nur der grün markierte Bereich verwendet werden.

Trotz des vereinfachten Makro-Modells zeigt sich bereits in dieser Stufe eine hohe Vergleichbarkeit der Temperaturwerte sowie des Temperaturverlaufs zwischen Simulation und Realität. Die beschriebene Abweichung, die sich im Verlauf des Prozesses ändert, weist (neben den idealisierten Randbedingungen der Simulation) auf ein unterschiedliches Verhalten der Wärmeübertragungsmechanismen hin. Einen direkten und relevanten Einfluss hierauf können die in Abschnitt 5.5.1.5 beschriebene Vernachlässigung der erzwungenen Konvektion durch den Förder- und Schutzgasstrom haben, der Ansatz der Lagenaktivierung aus Abschnitt 5.5.1.3, da hier die Wärmekapazität nicht auf null gesetzt werden kann, und das Materialmodell aus Abschnitt 5.5.1.6, da in diesem speziell bei hohen Temperaturen keine Werte definiert sind. Weil die Lagenaktivierung mit dem Ansatz dieser Arbeit nicht verändert werden kann und das Materialmodell wie beschrieben nur mit sehr hohem Untersuchungsaufwand optimiert werden könnte, wird nachfolgend der Einfluss der erzwungenen Konvektion betrachtet.

In der Literatur sind unterschiedliche Ansätze zu finden, wie die Konvektion bei der Modellierung des Laser-Pulver-Auftragschweißens berücksichtigt werden kann. Bei Modellen, die sich auf Einzelspuren fokussieren, wird oftmals entweder die freie Konvektion berücksichtigt [CHI-96], [HAN-04] oder andernfalls werden gar keine Konvektionsverluste einbezogen [AHS-11A]. Wie in Abschnitt 2.1.2.3 erläutert, ändert sich die dominierende Wärmeleitungsgröße über die Bauhöhe. Daher ist speziell auf Makro-Ebene eine Vernachlässigung aller Konvektionseffekte nicht zulässig. Verschiedene Modellansätze in der Literatur berücksichtigen daher neben der freien auch die erzwungene Konvektion. Dabei werden teilweise konstante Werte als Kühlverluste im Prozess angenommen, die jedoch nicht hinreichend nachvollziehbar beschrieben oder validiert sind [DAI-02], [AGG-03], [WEN-10]. Der Einfluss der erzwungenen Konvektion soll im vorliegenden Fall näher betrachtet werden, um eine Aussage darüber treffen zu können, ab wie vielen Lagen die erzwungene Konvektion einen signifikanten Einfluss hat. Dazu wird folgendes Experiment durchgeführt.

Es werden zwei Wände mit einer unidirektionalen Schweißstrategie aufgebaut. Der Startpunkt jeder Lage ist also immer am selben Ort. Die Rückkehr zu diesem Punkt erfolgt in dem ersten Experiment entlang des Schweißpfades mit ausgeschaltetem Laser, wobei der Pulver- und Schutzgasstrom aktiv bleiben. Damit wird eine zusätzliche Abkühlung durch den Gasstrom auf die gerade aufgeschweißte Lage erwartet. Im zweiten Experiment bewegt sich die Bearbeitungsoptik zunächst seitlich von der Schweißbahn weg und fährt in einem Bogen zurück zum Startpunkt. Diese Bewegung hat einen längeren Weg und wird daher mit höherer Bewegungsgeschwindigkeit durchgeführt, um die exakten Zeitverläufe zwischen den Experimenten darzustellen. Beide Wände werden mit den Parametern für Ti-6Al-4V aus Tabelle 5.5 und 25 Schichten mit 200 mm Schweißlänge aufgebaut. Das Vorgehen dazu ist in Abbildung 5.29 schematisch skizziert.

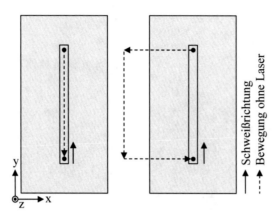

Abbildung 5.29:    Schematische Darstellung der beiden Schweißstrategien zur Untersuchung des Einflusses der erzwungenen Konvektion. Rückkehr zum Schweißstartpunkt mit eingeschalteten Gasströmen über der aufgebauten Wand (links), Rückkehr entfernt vom Schweißgut mit erhöhter Geschwindigkeit (rechts), sodass die Nebenzeit zwischen den Lagen bei beiden Wänden identisch ist.

Die Messung der Temperatur wird in diesem Experiment mit einem an der Bearbeitungsoptik mitlaufenden Pyrometer durchgeführt. Das Pyrometer ist aufgrund des eingeschränkten Messbereichs 50 mm nachlaufend zum Schmelzpunkt ausgerichtet.

Die Messwerte der Temperaturverläufe der beiden Versuche sind in Abbildung 5.30 dargestellt. Für eine direkte Vergleichbarkeit sind beide Verläufe in einem Diagramm dargestellt. Der Unterschied zwischen den Verläufen ist nicht signifikant, jedoch zeigt sich ab ca. 300 Sekunden oder nach zehn Schichten ein höherer Maximalwert der Temperatur beim Versuch ohne erzwungene Konvektion. Das Delta beträgt ca. 20 °C und könnte über den Verlauf noch weiter zunehmen. Auffällig ist jedoch der zunächst höhere Temperaturwert in Lage vier bis sieben. Dies kann auf eine minimal unterschiedliche Positionierung des Messpunktes zwischen den Versuchen zurückzuführen sein.

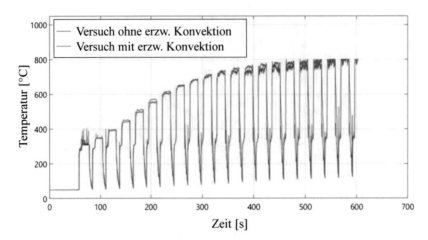

Abbildung 5.30:        Temperaturverlauf der beiden Versuche zur Bewertung des Einflusses der
                       erzwungenen Konvektion auf die maximal auftretenden Oberflächentempe-
                       raturen im Prozess

Das Versuchsergebnis deutet darauf hin, dass der Einfluss der erzwungenen Konvektion durch die austretende Gasströmung im Prozess durchaus signifikant sein kann.
Der Effekt wird jedoch erst mit zunehmender Lagenanzahl messbar. In den ersten Schichten ist die Wärmeleitung ins Substrat die dominierende Kühlung, die mit zunehmender
Bauhöhe jedoch an Relevanz verliert (vgl. Abschnitt 2.1.2.3). Für die Berechnung realer
Bauteile auf Makro-Ebene sollte die erzwungene Konvektion folglich nicht vernachlässigt
werden. Wie diese Erkenntnisse in das bestehende Modell integriert werden können, wird
im folgenden Abschnitt beschrieben.

### 5.5.3    Erweiterung um die erzwungene Konvektion

Die Validierung des vorliegenden Modells zeigt eine durchschnittliche Abweichung zwischen simulierter und gemessener Temperatur von 10,1 %. Mit dem Experiment
zur erzwungenen Konvektion konnte das Potenzial aufgezeigt werden, dass das Modell
durch die Berücksichtigung dieses Phänomens genauere Rechenergebnisse liefern könnte.

Eine Berechnung des exakt auftretenden Wärmeübergangs aufgrund der Gasströmung würde eine numerische Computational-Fluid-Dynamics(CFD)-Analyse erfordern,
die umfangreich und rechenintensiv ist. Dies ist für instationäre Makro-Modelle wie das
vorliegende Modell nicht zielführend. Eine analytische Beschreibung dieser Wärmeübertragung kann hingegen nahtlos in das Modell integriert werden, ohne die Berechnungszeit
signifikant zu verlängern. Ein solcher mathematischer Ansatz für die erzwungene Konvektion ist von Heigel et al. für den LPA-Prozess für Ti-6Al-4V beschrieben worden [HEI-
14]:

$$\alpha = \alpha_a e^{-(\theta r)^{\phi}} + \alpha_0 \qquad\qquad 5.13$$

Diese Gleichung ist eine Näherungsfunktion aus Experimenten zur Messung der Kühlleistung des Gasstroms. Hierbei ist $\alpha$ der bereits eingeführte Wärmeübergangskoeffizient für die (erzwungene) Konvektion. $\alpha_a$ beschreibt den gemessenen maximal auftretenden Wärmeübergang, $\alpha_0$ den Wert am Rand des Gasstroms und $r$ den radialen Abstand zur Mitte des Gasaustrittes. Die Variablen $\theta$ und $\phi$ werden genutzt, um den Verlauf der Messwerte von $\alpha$ über $r$ darzustellen.

Für eine vertikale Wand, bestehend aus überlagerten Einzelspuren aus Ti-6Al-4V, ergibt sich nach Gleichung 5.13 folgende Beschreibung der erzwungenen Konvektion [HEI-14]:

$$\alpha_{wall} = (-2{,}717z + 37{,}174)e^{-(0{,}107r)^{2,7}} + 25 \qquad\qquad 5.14$$

Hierbei ist über die Funktion für $\alpha_a$ mit $z$ als Laufvariable die Distanz zwischen der obersten Schicht und den darunterliegenden Schichten berücksichtigt. Die erzwungene Konvektion ist somit in der obersten Schicht am höchsten und nimmt bis auf $\alpha_0 = 25 \, W/(m^2 K)$ ab.

Dieser Ansatz wird zur ersten Näherung in das Modell dieser Arbeit integriert, um die Auswirkung der Modellgenauigkeit zu untersuchen. Die Werte aus Gleichung 5.14 entstammen einem Experiment, das zwar ebenfalls das LPA-Verfahren und den Werkstoff Ti-6Al-4V betrachtet, jedoch eine andere Anlagentechnik sowie Prozessparameter nutzt. Daher kann dieser Ansatz nur für eine näherungsweise Beschreibung der erzwungenen Konvektion für das Modell dieser Arbeit verwendet werden.

Die Gleichung 5.14 wird im bestehenden Modell direkt in die Beschreibung der Laserenergieeinbringung implementiert. Somit wird bei eingeschaltetem Laser dessen Leistung um die erzwungene Konvektion verringert und bei ausgeschaltetem Laser findet ein um diesen Wert negativer Energieeintrag (Kühlung) statt. Durch die Schnittstelle zur Bahnplanung wird die Bewegung der Bearbeitungsoptik durchgängig im Modell berücksichtigt und lokal Laserleistung (Energieeinbringung) dazugeschaltet (vgl. Abschnitt 5.5.1.4). Durch die Erweiterung um diesen Verlustfaktor sollte eine anwendungsnahe Betrachtung der Verfahrwege ohne eingeschaltete Laserleistung, jedoch mit weiterhin eingeschalteter Gasströmung abgebildet werden können.

Zur Evaluation des neuen Modells werden die Versuchsdaten zum Auftragschweißen eines Hohlwürfels mit 50 mm Kantenlänge verwendet (vgl. Abschnitt 5.5.2). Wie zuvor werden die Ergebnisse der Simulation mit diesen Daten überlagert und ausgewertet. In Abbildung 5.31 werden die Daten des Versuchs mit den Simulationsergebnissen ohne Berücksichtigung der erzwungenen Konvektion und den Simulationsergebnissen des um Gleichung 5.14 erweiterten Modells gegenübergestellt.

Es zeigt sich weiterhin eine hohe Übereinstimmung der Temperatur in den ersten Lagen zwischen dem Versuch und den Simulationsergebnissen. Der Effekt der erzwungenen Konvektion ist in den ersten Lagen wie beschrieben nicht signifikant, was die Ergebnisse der Simulationen bestätigen. Jedoch zeigt sich eindeutig, dass die steigende Abweichung zwischen Versuch und Simulation bei zunehmender Lagenzahl beim neuen Modell nicht mehr beobachtet wird, sondern eine sehr hohe Übereinstimmung zwischen den gemessenen und simulierten Temperaturen vorliegt. Die zuvor berechnete mittlere Abweichung zwischen der Simulation und dem Versuch kann damit von 10,1 % auf 2,8 % reduziert werden.

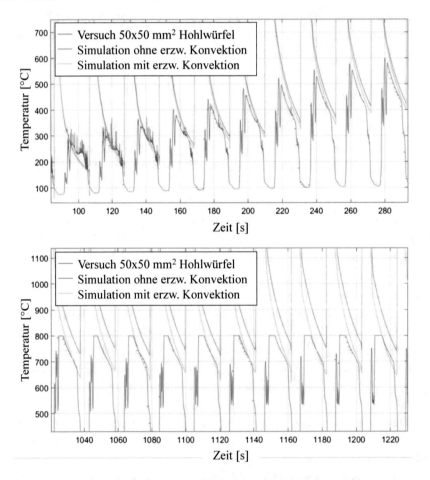

Abbildung 5.31:        Ausschnitt des Temperaturverlaufs aus dem in Abschnitt 5.5.2 dargestellten
                       Versuch im Vergleich zu den Simulationsergebnissen ohne und mit Berücksichtigung der erzwungenen Konvektion

Die Erweiterung des Modells um die erzwungene Konvektion liefert eine signifikante Verbesserung der Simulationsergebnisse und wird daher beibehalten. Da Gleichung

5.14 jedoch auf empirischen Daten zum LPA von Ti-6Al-4V basiert, kann diese nicht ohne eine Anpassung an den Werkstoff In625 verwendet werden.

In der Veröffentlichung von Gouge et al. wird jedoch ein vergleichbares Experiment zur Beschreibung der erzwungenen Konvektion beim LPA mit In625 durchgeführt [GOU-15]. Hierbei beziehen sich Gouge et al. auf den Ansatz von Saad et al. [SAA-77]:

$$\alpha(r) = Ae^{Br} + \alpha_0 \qquad\qquad 5.15$$

Die Variablen $A$ und $B$ beschreiben dasselbe wie $\alpha$ und $\theta$ aus Gleichung 5.12. Gouge et al. ermitteln experimentell die entsprechenden Werte und erhalten folgende Beschreibung für die erzwungene Konvektion beim Laser-Pulver-Auftragschweißen von In625 [GOU-15]:

$$\alpha(r) = 69{,}0\, e^{-0{,}0697r} + 21{,}7 \qquad\qquad 5.16$$

Da diese Beschreibung der erzwungenen Konvektionsverluste auf das flächige Beschichten von Bauteilen ausgelegt ist, wird die Höhe $z$ in dieser Gleichung nicht mehr berücksichtigt. Die Gleichung wird dennoch so im Modell für den Werkstoff In625 implementiert, um auch hier eine näherungsweise Beschreibung der Konvektionsverluste zu erhalten.

# 6 Bedeutung der Ergebnisse für die Praxis

Die im vorherigen Kapitel entwickelten empirischen Modelle der Einzelspurausprägung, die Methodik, die Korrelation der Temperatur mit der Streckenenergie für adaptive Prozessparameter zu nutzen, und das numerische Simulationsmodell auf Makro-Ebene können zusammengefasst als Werkzeuge für eine temperaturadaptive Prozessauslegung verwendet werden. In diesem Kapitel wird daher zunächst der Nachweis der Anwendbarkeit anhand von Grundgeometrien beim LPA durchgeführt. Anschließend wird die Übertragbarkeit auf eine weitere Systemtechnik experimentell überprüft.

## 6.1 Temperaturadaptive Prozessauslegung

Die Verwendung von Auftragschweißtechnologien für den 3D-Druck bietet eine hohe gestalterische Flexibilität, sie geht gleichzeitig jedoch mit einer stark limitierten Komplexität von Bauteilen einher. Daher werden DED-Bauteile in der Regel aus einzelnen Grundkörpern zusammengesetzt und teilweise in unterschiedlichen Aufbaurichtungen miteinander kombiniert. Die Design- und Konstruktionsgrundlagen hierfür sind unter anderem in der [ASTM-F3413] beschrieben.

Um den Einfluss der thermischen Randbedingungen besonders hervorzuheben, werden nachfolgend Grundkörper in Ti-6Al-4V untersucht, die hoch und schmal sind und damit ein schnelles Überschweißen der einzelnen Lagen zur Folge haben. In Abbildung 6.1 sind diese beiden Grundkörper mit 40 mm Kantenlänge bzw. Durchmesser und jeweils 120 mm Höhe dargestellt.

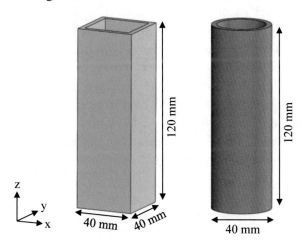

Abbildung 6.1:    Referenzkörper eines schmalen und hohen Quaders und Hohlzylinders zur Gegenüberstellung einer regulären Aufbaustrategie mit der entwickelten adaptiven Prozessauslegung

© Der/die Autor(en), exklusiv lizenziert an
Springer-Verlag GmbH, DE, ein Teil von Springer Nature 2023
M. Heilemann, *Temperaturadaptive Prozessauslegung für das Laser-Pulver-Auftragschweißen*, Light Engineering für die Praxis, https://doi.org/10.1007/978-3-662-68207-4_6

Es werden die Pfade aus den dargestellten Flussdiagrammen in Abbildung 3.3 und Abbildung 3.4 aus Abschnitt 3.2 gegenübergestellt. Für die reguläre Aufbaustrategie werden die Parameter und Randbedingungen aus Tabelle 6.1 verwendet.

Tabelle 6.1:          Prozessparameter und -randbedingungen für den Referenzversuch mit der reguläre Aufbaustrategie für Ti-6Al-4V

| | Reguläre Aufbaustrategie |
|---|---|
| Leistung | 1500 W |
| Geschwindigkeit | 10 mm/s |
| Pulvermassenstrom | 11,81 g/cm³ |
| Düsengas Ar | 20 l/min |
| Fördergas He | 4 l/min |
| ⌀-Höhe Einzelspur RT | 1,0 mm |
| Z-Offset | 1,0 mm |
| Randbedingungen | Lagenweises Auftragschweißen, keine Helix<br>Laser zwischen Lagen ausgeschaltet<br>Start- u. Endpunkt einer Lage übereinander<br>Start- u. Endpunkt zwischen Lagen übereinander<br>Keine Wartezeiten |

Der Fokus dieser Versuche liegt auf der Auswertung der geometrischen Zielgrößen. Die Schutzgasabdeckung erfolgt nur lokal, wodurch eine zunehmende Oxidation über die Bauhöhe erwartet wird. Dies ist unkritisch für die Auswertung dieser Versuchsreihe, da keine mechanischen Eigenschaften betrachtet werden. Ferner werden die Bauteile zentrisch jeweils auf einem Substrat mit den Maßen 250 x 250 x 20 mm³ aufgebaut, um identische Wärmeleitungsbedingungen ins Grundmaterial sicherzustellen.

In der Durchführung der Experimente kann bei dem Quader nach ca. 30 Lagen eine zunehmende Instabilität des Bauprozesses beobachtet werden. Der Bearbeitungsabstand vergrößert sich, wodurch der Pulverwirkungsgrad signifikant abfällt (vgl. Abschnitt 2.1.2.4). Bei dem Rohr lässt sich ein sehr ähnlicher Verlauf beobachten. Beide Versuche werden daher kurze Zeit später manuell abgebrochen. Der Prozess für den Quader wird in der 55. Lage und für das Rohr in der 54. Lage abgebrochen. Abbildung 6.2 zeigt jeweils eine Aufnahme des Ergebnisses nach dem Auftragschweißprozess.

Abbildung 6.2:      Aufnahmen der Referenzkörper Quader und Rohr nach 55 bzw. 54 Lagen. Der Prozess musste aufgrund von Instabilitäten abgebrochen werden, da mit konstanten Parametern kein gleichmäßiger Materialauftrag realisiert werden konnte.

Die gemessene Ist-Höhe des Quaders beträgt an der höchsten Stelle 43,1 mm und an der niedrigsten Stelle 31,2 mm und weicht damit von der Soll-Höhe zum Zeitpunkt des Prozessabbruchs bei 55,0 mm um 22–43 % ab. Analog für das Rohr beträgt der niedrigste Punkt 34,2 mm und der höchste Punkt 41,4 mm und weicht damit von der Soll-Höhe von 54,0 mm um 23–37 % ab.

Der Versuch zeigt wie erwartet, dass insbesondere schmale und hohe Körper mittels LPA nicht mit konstanten Prozessparametern realisierbar sind. Anstatt die Prozessstrategie an dieser Stelle iterativ anzupassen und über weitere Versuche die geeigneten Randbedingungen zu ermitteln, wird nachfolgend das in dieser Arbeit entwickelte Vorgehen zur temperaturadaptiven Prozessauslegung verwendet. Hierfür sind die Erkenntnisse aus dem vorangegangenen Versuch nicht relevant und fließen auch nicht in die nachfolgende Prozessauslegung ein.

Im ersten Schritt wird eine Simulation mit den konstanten Prozessparametern und Randbedingungen aus Tabelle 6.1 durchgeführt, um das zu erwartende Temperaturfeld $T(x, y, z, t)$ zu erhalten. Die CAD-Daten der beiden Körper und die jeweiligen Roboterprogramme werden in das entwickelte Simulationsmodell importiert. Das Substrat wird direkt in Comsol Multiphysics mit den genannten Maßen modelliert und die Bauteile werden zentrisch platziert. Die Schweißpfade sind aufgrund der Geometrie unterschiedlich lang, woraus verschieden lange Prozesszeiten resultieren. Die berechnete Zeit für den Aufbau des Quaders beträgt 1770 s und für den des Rohres 1395 s. Diese Werte definieren den jeweiligen Berechnungszeitraum. Aufgrund der langen Prozesszeiten wird die Schrittweite zur Speicherung der Temperaturdaten in der zeitabhängigen Berechnung auf 0,5 s gesetzt.

Die Simulationsergebnisse für $T(x, y, z, t)$ sind exemplarisch zu unterschiedlichen Prozesszeiten der beiden Grundkörper in Abbildung 6.3 dargestellt.

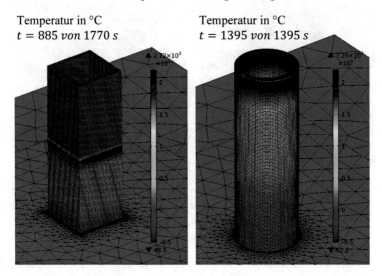

Temperatur in °C
$t = 885\ von\ 1770\ s$

Temperatur in °C
$t = 1395\ von\ 1395\ s$

Abbildung 6.3:      Darstellung der simulierten Temperaturfelder für die beiden Grundkörper mit 40 mm Kantenlänge des Quaders (links) und 40 mm Durchmesser des Rohres (rechts). Der Quader ist zur Hälfte der Prozesszeit dargestellt, während das Rohr am Ende der Prozesszeit dargestellt ist.

Aus diesen Ergebnissen lassen sich die notwendigen Informationen zum Temperaturfeld für die adaptive Prozessplanung extrahieren. Die für die Prozessplanung relevanten Daten sind die vorherrschenden Temperaturen jeder Lage, unmittelbar bevor diese mit der nächsten Lage überschweißt werden. Es müssen somit die Messpunkte über die Aufbauhöhe extrahiert und nicht der Temperaturverlauf lokal an einem Punkt betrachtet werden. Die Messpunkte sind immer mittig in der jeweiligen Wand in x- und y-Richtung fixiert und nehmen in z-Richtung über die Zeit zu. In Abbildung 6.4 sind die extrahierten Temperaturverläufe ausgewählter Lagen und eine Veranschaulichung der Entwicklung über die Zeit dargestellt. Im unteren Teil dieser Abbildung sind die relevanten Temperaturpunkte extrahiert in einem Diagramm dargestellt und über eine Exponentialfunktion angenähert.

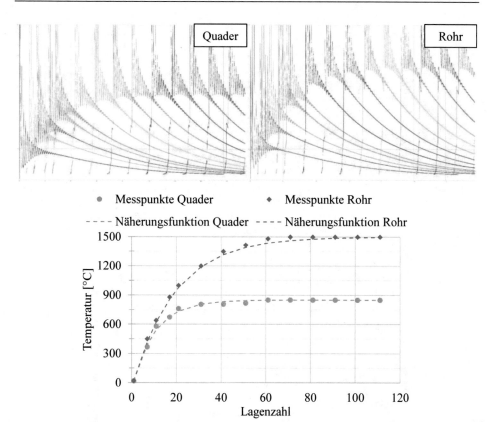

Abbildung 6.4:          Temperaturverläufe ausgewählter Lagen aus den simulierten Grundkörpern.
                        Die extrahierten Temperaturdaten dieser Lagen unmittelbar vor dem nächs-
                        ten Überschweißen sind im unteren Teil der Abbildung dargestellt und je-
                        weils über eine Exponentialfunktion angenähert.

Die adaptive Streckenenergie für jeden Körper wird über ein Spiegeln des Temperaturverlaufs an der x-Achse, eine Verschiebung und Stauchung des Graphen entlang der
y-Achse und mit den in Abschnitt 5.4 abgeleiteten Randbedingungen berechnet. Das Ergebnis der angepassten Streckenenergie ist beispielhaft für den Quader in Abbildung 6.5
dargestellt.

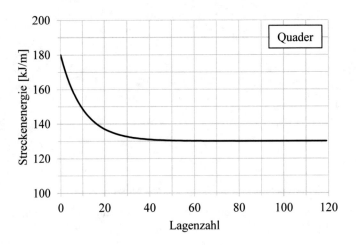

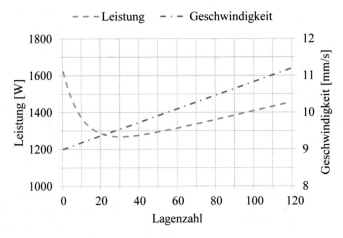

Abbildung 6.5:          Darstellung der resultierenden Streckenenergie aus dem simulierten Tempe-
                        raturverlauf (oben) und daraus abgeleitete adaptive Prozessparameter Leis-
                        tung und Geschwindigkeit über die Lagenzahl (unten) für den Quader

Analog wird dieses Vorgehen auch für das Rohr anhand dessen simulierten Temperaturverlauf abgeleitet. Die damit adaptiven Prozessparameter sollen das Temperaturfeld homogenisieren und zu einer gleichmäßigen Prozessstabilität führen (vgl. Arbeitshypothese Abschnitt 3.1). Speziell in den ersten Lagen wird sich dennoch eine unterschiedliche Oberflächentemperatur einstellen, was eine Auswirkung auf die Einzelspurausprägung hat. Um dies zu berücksichtigen, wird die Simulation des Temperaturfeldes mit den
angepassten Prozessparametern wiederholt. Der Verlauf der Oberflächentemperatur jeder
Schicht unmittelbar vor dem Überschweißen wird erneut extrahiert und mit Hilfe der Gleichungen 5.3 und 5.4 werden die temperaturadaptiven Einzelspurbreiten und -höhen berechnet. Da es sich bei beiden Körpern um überlagerte Einzelspuren und nicht um Flächen
handelt, kann die veränderliche Breite vernachlässigt werden. Die Werte für den z-Offset

aus der Einzelspurhöhe $h_{ES,Ti64}(T)$ werden in der Datenvorbereitung über das Slicing berücksichtigt. Der Verlauf über die Lagenzahl ist gegenüber den neu extrahierten Oberflächentemperaturen in Abbildung 6.6 exemplarisch am Quader dargestellt.

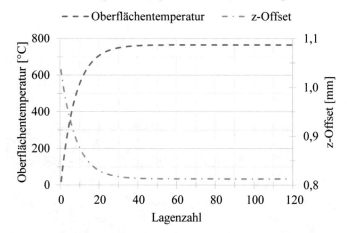

Abbildung 6.6:    Darstellung des temperaturadaptiven z-Offsets für die Referenzgeometrie Quader nach Gleichung 5.4 und der aus der Simulation abgeleiteten Oberflächentemperatur für jede Schicht unmittelbar vor dem Überschweißen

Auf Grundlage dieser Methodik zur Generierung einer adaptiven Aufbaustrategie wird nachfolgend der Versuch wiederholt. In Tabelle 6.2 ist die Übersicht über die Parameter und Randbedingungen der entwickelten temperaturadaptiven Prozessauslegung für die beiden Körper dargestellt.

Tabelle 6.2:    Prozessparameter und -randbedingungen für den Referenzversuch mit der entwickelten temperaturadaptiven Prozessauslegung für den Quader aus Ti-6Al-4V

|  | Adaptive Aufbaustrategie |
|---|---|
| *Leistung* | 1267–1620 W |
| *Geschwindigkeit* | 9,00–11,18 mm/s |
| Pulvermassenstrom | 11,81 g/min |
| Düsengas Ar | 20 l/min |
| Fördergas He | 4 l/min |
| *Höhe Einzelspur* | 0,813–1,036 mm |
| *Z-Offset* | 0,813–1,036 mm |
| Randbedingungen | Lagenweises Auftragschweißen, keine Helix<br>Laser zwischen Lagen ausgeschaltet<br>Start- u. Endpunkt einer Lage übereinander<br>Start- u. Endpunkt zwischen Lagen übereinander<br>Keine Wartezeiten |

Die Soll-Höhe der Körper reduziert sich entsprechend den berechneten Einzelspurhöhen und resultiert bei 120 Lagen in 99,33 mm für den Quader und 97,78 mm für das Rohr. Die unterschiedlichen Soll-Werte der beiden Körper hängen mit den verschiedenen

Temperaturverläufen aus der Simulation zusammen. Bei der Rohrgeometrie wird schneller ein höheres Temperaturlevel erreicht, was durch eine reduzierte Schichthöhe berücksichtigt wird. Aufsummiert ist somit eine geringere Soll-Höhe der Geometrie bei gleicher Lagenanzahl zu erwarten.

In Abbildung 6.7 sind die beiden mit der jeweiligen temperaturadaptiven Prozessstrategie aufgebauten Körper dargestellt. Nach dem Prozess wurden diese gesandstrahlt. Im Verlauf des Prozesses kann eine gleichbleibende Prozessstabilität beobachtet werden und der Bearbeitungsabstand bleibt über die Anzahl der Lagen und Prozessdauer konstant. Beide Körper können über die gesamte Lagenanzahl aufgebaut werden.

Abbildung 6.7:          Frontansicht der beiden Referenzkörper aus 120 Lagen, aufgebaut mit einem stabilen Prozessablauf auf Grundlage einer temperaturadaptiven Prozessstrategie

Die gemessene Ist-Höhe des Quaders an den Seitenflächen beträgt im Mittel 96,70 mm und weicht damit von der Soll-Höhe von 99,33 mm um 2,7 % ab. Analog für das Rohr gemessen beträgt die Ist-Höhe 96,20 mm und weicht damit von der Soll-Höhe von 97,78 mm um 1,7 % ab. Hierbei sei nochmals angemerkt, dass der Prozess zu keinem Zeitpunkt unterbrochen wurde und keine Nachkorrektur des Bearbeitungsabstandes oder Abkühlzeiten im Prozess erfolgten. Ohne manuelles Eingreifen und ohne eine iterative Versuchsdurchführung können damit beide Körper endkonturnah an dem geforderten Bauteil realisiert werden.

Eine temperaturadaptive Prozessauslegung ermöglicht damit nach der in Abschnitt 3.2 vorgestellten Methodik eine signifikante Verbesserung der LPA-Prozessstabilität, und damit einhergehend auch der Bauteilqualität. Die Arbeitshypothese dieser Doktorarbeit (vgl. Abschnitt 3.1) konnte mit dem abschließenden Versuch verifiziert werden.

Die entwickelte Methodik ist von besonderer Relevanz, wenn mit hoher Auftragrate und damit einhergehend einer hohen thermischen Belastung schmale, jedoch hohe Bauteile realisiert werden sollen. Während das LPA im Vergleich zu anderen Auftragschweißverfahren bereits eine niedrige Energieeinbringung aufweist, sind diese Erkenntnisse potenziell auch auf weitere DED-Verfahren wie das Laser- oder Lichtbogen-Draht-Auftragschweißen übertragbar.

Während die entwickelte Prozessstrategie in diesem Anwendungsfall eine Realisierung der beiden Körper überhaupt erst ermöglicht, ist jedoch weiterhin darauf zu achten, dass die Prozessstabilität stark von dem Zustand der verwendeten Systemtechnik abhängt. In den durchgeführten Versuchen hat sich eine Richtungsabhängigkeit der Pulverdüse gezeigt, da der Laserstrahl nicht exakt zum Pulverfokus ausgerichtet war. Je nach Bewegungsrichtung der Handhabungseinheit entsteht damit ein seitlich, vor- oder nachlaufender Pulvermassenstrom. Als Folge bilden sich ungleichmäßig hohe Auftragschweißspuren in Abhängigkeit der Schweißrichtung, was keine adaptive Prozessauslegung im Vorfeld berücksichtigen kann. Zustandsüberwachungssysteme der kritischen Parameter wie Leistung, Geschwindigkeit, Gasstrom und Pulvermassenstrom im Prozess werden daher für eine industrielle Anwendung des Verfahrens empfohlen. Weiterhin sollte vor jedem Prozessstart der Pulverdüsenzustand kontrolliert und ein Abgleich zwischen der Positionierung des Laserstrahls zum Pulverfokus durchgeführt werden.

## 6.2 Übertragbarkeit der Ergebnisse auf andere Systemtechnik

Die Ergebnisse aus Abschnitt 6.1 demonstrieren die Anwendbarkeit der entwickelten Methodik zur Ableitung einer adaptiven Prozessstrategie individueller Bauteile. Es bleibt jedoch eine Herausforderung für eine allgemeingültige Anwendbarkeit bestehen, da dieser Ansatz zum Teil auf empirischen Daten beim LPA mit der in Kapitel 4 vorgestellten Systemtechnik beruht. Während die grundsätzliche Methodik übertragbar sein sollte, ist eine generelle Übertragbarkeit der dargestellten empirischen Ergebnisse auf eine andere Systemtechnik oder sogar einen anderen Auftragschweißprozess wie das Laser- oder Lichtbogen-Draht-Auftragschweißen nicht gegeben. Insbesondere die skalierbaren Auftragraten sowie die sehr unterschiedlichen Leistungsbereiche bei den DED-Verfahren sorgen für signifikant unterschiedliche Temperaturfelder im Prozess.

In diesem Abschnitt wird daher untersucht, mit welchem Umfang die Ermittlung der temperaturabhängigen Geometrieparameter erfolgen kann und wie sich diese bei einer anderen Systemtechnik verhalten.

Die Einzelspurversuche werden in geringerer Anzahl analog zu denen aus Abschnitt 5.2.2 mit Ti-6Al-4V durchgeführt. Bei der verwendeten Systemtechnik wird die Dreistrahl-Pulverdüse durch eine kontinuierlich-koaxiale Pulverdüse der Fa. HD Sonderoptiken GmbH ausgetauscht. Das Düsenmodell HighNo 4.0 zeichnet sich durch einen um den Faktor 3,6 kleineren Pulverfokusdurchmesser aus und erzeugt damit auch kleinere Auftragschweißnähte. Nach einer vorangegangenen Parameterstudie ergeben sich die Prozessparameter für die Einzelspurversuche in diesem Abschnitt, dargestellt in Tabelle 6.3.

Tabelle 6.3:         Prozessparameter für Ti-6Al-4V mit der koaxialen Pulverdüse sowie als Referenz die Parameter der Dreistrahl-Pulverdüse aus Abschnitt 5.1.2

|            | $P\ [W]$ | $v\ [mm/s]$ | $\dot{m}\ [g/min]$ | $d_L\ [mm]$ | $b_{RT}\ [mm]$ | $h_{RT}\ [mm]$ |
|------------|------|----|-------|------|------|------|
| Koaxial    | 650  | 10 | 2,25  | 1,50 | 1,92 | 0,54 |
| Dreistrahl | 1500 | 10 | 11,81 | 2,09 | 3,06 | 1,00 |

Insgesamt werden 30 Einzelspuren bei unterschiedlichen Temperaturniveaus auftraggeschweißt und anschließend über Schliffbilder ausgewertet. Die Auswertung der Versuche für die temperaturabhängige Einzelspurbreite und -höhe mit der koaxialen Pulverdüse ist in Abbildung 6.8 dargestellt.

Die Einzelspurausprägung zeigt die gleiche Tendenz wie in den vorangegangenen Versuchen. Bei einer erhöhten Oberflächentemperatur bildet sich eine breitere und flachere Einzelspurgeometrie aus. Die relative Änderung zwischen Raumtemperatur und ca. 400 °C besteht in dieser Versuchsreihe aus einer Zunahme der Einzelspurbreite um 4,2 % und aus einer Abnahme der Einzelspurhöhe um 7,4 %.

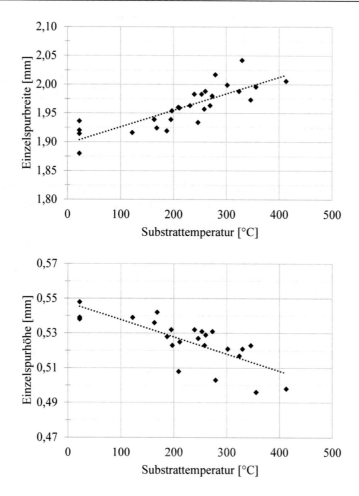

Abbildung 6.8:       Messwerte der Einzelspurbreite und -höhe aus den Vorwärmversuchen mit der kontinuierlich-koaxialen Pulverdüse aufgetragen über die Substrattemperatur

Durch die reduzierte Anzahl an Versuchen weist die Trendlinie, linear interpoliert zwischen den Messpunkten, allerdings ein geringeres Bestimmtheitsmaß $R^2$ auf. Die Zuverlässigkeit der Vorhersage der Einzelspurausprägung ist damit geringer im Vergleich zu den vorangegangenen Versuchen.

In Tabelle 6.4 ist eine Gegenüberstellung der drei Versuchsreihen zusammengefasst sowie die Zu- bzw. Abnahme der Einzelspurbreite und -höhe in Abhängigkeit der Temperatur dargestellt.

Tabelle 6.4:            Zusammenfassung der drei Versuchsreihen zur temperaturabhängigen Einzelspurausprägung

| Pulverdüse | Werkstoff | $b_{25°C}$ $[mm]^1$ | $b_{800°C}$ $[mm]^2$ | $\Delta b$ $[mm/°C]$ | $h_{25°C}$ $[mm]^1$ | $h_{800°C}$ $[mm]^2$ | $\Delta h$ $[mm/°C]$ |
|---|---|---|---|---|---|---|---|
| Dreistrahl | In625 | 3,39 | 3,78 | $0,5 \times 10^{-3}$ | 0,88 | 0,86 | $-0,03 \times 10^{-3}$ |
| Dreistrahl | Ti-6Al-4V | 3,03 | 3,96 | $1,2 \times 10^{-3}$ | 1,03 | 0,80 | $-0,30 \times 10^{-3}$ |
| Koaxial | Ti-6Al-4V | 1,92 | 2,14 | $0,3 \times 10^{-3}$ | 0,55 | 0,47 | $-0,10 \times 10^{-3}$ |

[1] Interpolierter Wert der Trendlinie bei 25 °C.
[2] Extrapolierter Wert der Trendlinie bei 800 °C.

Die Methodik zur Ermittlung der Änderung der Einzelspurausprägung auf eine andere Systemtechnik ist somit möglich. Es kann jedoch aus diesen Ergebnissen keine allgemeingültige Aussage abgeleitet werden, wie sich eine beliebige Einzelspurausprägung über die Temperatur ändert. Hierfür wären Versuchsreihen nach der vorgestellten Methodik mit weiteren Anlagenkonfigurationen notwendig.

Während hierfür die Auswertung von Schliffbildern stets ein Labor mit Trenn-, Einbett- und Schleifmitteln sowie einem Mikroskop benötigt, kann diese Untersuchung auch mit zerstörungsfreien Messmethoden automatisiert werden. Es können beispielsweise auch taktile oder optische Scansysteme für die Oberflächenvermessung in Betracht gezogen werden. Hierbei ist jedoch, in Abhängigkeit des verwendeten Messmittels, eine geringere Auflösung der Ergebnisse zu erwarten. Der Ansatz wird daher für größere Auftragschweißspuren empfohlen, bei denen die absolute Änderung der Einzelspurausprägung größer ist und damit besser gemessen werden kann.

# 7 Zusammenfassung

Das Laser-Pulver-Auftragschweißen ist ein variabel einzusetzendes generatives Fertigungsverfahren, das spezifische Vorteile in den Industriezweigen Beschichten, Reparieren und mittlerweile auch in der additiven Fertigung aufweist. Um das vollständige Potenzial als ressourcenschonende Technologie nutzen zu können, sind jedoch noch unterschiedliche Aufgabenstellungen entlang der Prozesskette zu optimieren. Die vorliegende Arbeit hat sich zum Ziel gesetzt, das Thermomanagement im Prozess detailliert zu analysieren und Optimierungswerkzeuge zu entwickeln, um zukünftig automatisiert eine temperaturadaptive Prozessauslegung durchführen zu können. Hierdurch sollen geometrieunabhängig die Prozessstabilität und Bauteilqualität deutlich gesteigert werden, sodass in der Entwicklung und Produktion Zeit und Kosten eingespart werden können.

Im ersten Schritt wurden die Zielgrößen und Einflussfaktoren des Prozesses vor dem Hintergrund der aktuellen Literatur umfangreich beschrieben. Es zeigt sich, dass signifikante Wechselwirkungen im Prozessergebnis nicht nur durch Parameter wie Laserleistung, Geschwindigkeit und Pulvermassenstrom hervorgerufen werden, sondern auch von den sich im Prozess ändernden thermischen Randbedingungen. Aus den Ergebnissen der Literaturrecherche und der detaillierten Prozessanalyse wurde die folgende Hypothese für diese Arbeit abgeleitet:

*Eine adaptive Prozessauslegung, welche die Wechselwirkung der Geometrie- und Prozessparameter mit dem instationären Temperaturfeld berücksichtigt, kann die Prozessstabilität und damit die Bauteilqualität erhöhen.*

Um diese Hypothese zu verifizieren, wurde eine Methodik entwickelt, die eine thermische Simulation der aufzubauenden Geometrie vorsieht und mit empirisch ermittelten Daten zum Prozessverhalten bei unterschiedlichen thermischen Randbedingungen eine angepasste Prozessstrategie automatisiert ableitet.

Aufgrund der Anwendungsvielfalt des LPA wurden in der Arbeit zwei Werkstoffe betrachtet. Stellvertretend für Beschichtungsapplikationen wurde der Werkstoff 2.4856 (*Inconel 625*) verwendet und für die 3D-Druck-Anwendungen stellvertretend 3.7164 (*Titan grade 5*).

Um die Korrelation der Geometrieausprägung zu den thermischen Randbedingungen zu quantifizieren, wurden Einzelspurversuche bei unterschiedlichen Temperaturniveaus des Substrates durchgeführt. Auf Grundlage eines optimierten Parametersatzes zeigten die Versuche eine durchschnittliche Zunahme der Einzelspurbreite für In625 bei 25 °C bis 500 °C Oberflächentemperatur von 6,4 % und eine Abnahme der Einzelspurhöhe von 2,0 %. Während der Einfluss bei der Nickelbasislegierung insignifikant erscheint, zeigten die Experimente mit Ti-6Al-4V eine durchschnittliche Zunahme der Einzelspurbreite um 17,3 % sowie eine Abnahme der Einzelspurhöhe um 15,0 %. Diese Ergebnisse spiegeln die Herausforderung in der mehrlagigen Schichtbauweise mittels LPA wider, die zu Prozessinstabilitäten und -abbrüchen führen können. Aufgrund der instationären thermischen

© Der/die Autor(en), exklusiv lizenziert an Springer-Verlag GmbH, DE, ein Teil von Springer Nature 2023
M. Heilemann, *Temperaturadaptive Prozessauslegung für das Laser-Pulver-Auftragschweißen*, Light Engineering für die Praxis, https://doi.org/10.1007/978-3-662-68207-4_7

Randbedingungen darf in der Datenvorbereitung keine gleichmäßige Schichthöhe vorausgesetzt werden, sondern müssen dort genau diese Ergebnisse Berücksichtigung finden.

Es wurde weiterhin auch die Wechselwirkung von temperaturabhängigen Prozessparametern betrachtet. Hierfür wurde ein Ansatz aus der Literatur aufgegriffen, bei dem die Laserleistung über die Bauhöhe und damit über die zunehmende Temperatur reduziert wird, um das Prozessergebnis zu verbessern. Auf Basis unterschiedlicher Verläufe der Streckenenergie über die Bauhöhe wurden Experimente durchgeführt und die Prozessstabilität wurde anhand der Homogenität der Wandstärke evaluiert. Mit einer veränderlichen Laserleistung und zusätzlich Schweißgeschwindigkeit konnte die Standardabweichung der Wandbreite gegenüber konstanten Prozessparametern um 49,9 % reduziert werden. Ein gleichmäßiger Materialauftrag geht direkt mit einer optimierten Endkonturnähe einher. Infolgedessen kann der notwendige Materialoffset für das Spanvolumen in der Nachbearbeitung auf ein Minimum reduziert werden.

Die Wechselwirkungen zu den thermischen Randbedingungen wurden damit im Detail analysiert und quantifiziert. Da die thermischen Randbedingungen jedoch bauteilindividuell sind, muss die Prozessauslegung entsprechend anpassbar sein. Um dies zu ermöglichen, wurde ein thermisches Simulationsmodell auf Bauteil-/Makro-Ebene in Comsol Multiphysics entwickelt. Über eine Schnittstelle zu einem Slicing-Tool können neben den CAD-Daten auch die realen Schweißprogramme eingelesen und in der Berechnung des Temperaturfeldes berücksichtigt werden. Es können damit beliebige Bauteilgeometrien und Prozessstrategien analysiert werden. Während in der Literatur oftmals die erzwungene Konvektion durch die Gasströme beim LPA vernachlässigt wird, wurde in dieser Arbeit ein Versuch durchgeführt, um deren Einfluss bei der Betrachtung vollständiger Bauteile zu evaluieren. Der Versuch zeigt, dass der Einfluss der erzwungenen Konvektion nach einigen Lagen Bauhöhe an Relevanz zunimmt, da zunächst die Festkörperwärmeleitung die dominierende Wärmeübertragung darstellt. Für das Makro-Modell dieser Arbeit wurde daher die erzwungene Konvektion über eine analytische Beschreibung vereinfacht berücksichtigt. Damit konnten abschließend Validierungsversuche für die Simulation durchgeführt werden, die sich bis auf 2,8 % an die mit einem Pyrometer gemessenen Werte im Prozess annähern.

Die entwickelte Methodik und die dazugehörigen Werkzeuge für eine temperaturadaptive Prozessauslegung wurden abschließend anhand von zwei Referenzkörpern evaluiert. Es wurden bewusst schmale und hohe Bauteile gewählt, um den Effekt des zunehmenden Wärmestaus über die Bauhöhe darzustellen. Die Verwendung einer regulären Prozessstrategie mit konstanten Parametern führte bei diesen Geometrien zu Prozessinstabilitäten, sodass die Versuche noch vor der Hälfte der Bauhöhe abgebrochen werden mussten.

Über die Schritte
1. Thermische Simulation der Geometrie mit konstanten Prozessparametern,
2. Ableiten temperaturabhängiger Parameter für Laserleistung und Geschwindigkeit,
3. Thermische Simulation mit den Parametern aus Schritt 2,
4. Ableiten temperaturabhängiger Geometriewerte für Einzelspurhöhe und
   -breite und
5. Zusammenfügen einer Prozessstrategie mit den Parametern aus Schritt 2
   und 4

konnten jedoch beide Körper über die vollständige Bauhöhe von ca. 100 mm realisiert werden. Der Abgleich zwischen der Soll- und der Ist-Geometrie für beide Körper
führt zu einer Abweichung der Bauhöhe von nur noch 2,7 % für die Quader- und 1,7 %
für die Rohrgeometrie. Die aufgestellte Arbeitshypothese der vorliegenden Doktorarbeit
konnte damit abschließend verifiziert werden.

# 8 Ausblick

Die entwickelte Methodik und die Werkzeuge zur temperaturadaptiven Prozessauslegung bilden einen weiteren Grundstein für die wirtschaftliche Anwendung des LPA im industriellen Umfeld. Speziell die Verknüpfung der Simulationsergebnisse mit dem Slicing und der Bahnplanung ist ein vielversprechender Ansatz, um die Datenvorbereitung zukünftig stärker zu automatisieren und damit bedienerunabhängig zu machen.

Die vorliegende Arbeit hat sich auf die Betrachtung der thermischen Randbedingungen fokussiert und dabei im Detail die Wechselwirkungen zu den geometrischen Zielgrößen analysiert. Dies bildet die Grundlage für weiterführende Betrachtungen, wie beispielsweise die thermomechanische Kopplung der Simulation. Die im Prozess induzierten Spannungen sind nicht nur während des Auftragschweißens relevant, sondern auch ein kritischer Faktor in der Nachbearbeitung. So können sich im Bauteil verbleibende Spannungen aufgrund des Materialabtrags während der Zerspanung abbauen. Dies resultiert in einer Verformung der Geometrie, und damit einer abweichenden Ist-Position des Bauteils. Die Folge sind Ungenauigkeiten in der subtraktiven Bearbeitung, und damit auch im finalen Bauteil. Ist jedoch der Spannungszustand nach dem Prozess und der etwaigen Wärmebehandlung bekannt, kann dieses Wissen auch in eine adaptive Frässtrategie überführt werden. Erste Ansätze hierzu sind bereits in [HIN-21], [ROM-22] veröffentlicht.

Für eine weitere Effizienzsteigerung der Ergebnisse dieser Arbeit können aktuelle Fortschritte in der künstlichen Intelligenz und in diesem Fall speziell im Bereich des maschinellen Lernens (ML) betrachtet werden. ML-Modelle zeichnen sich durch sehr geringe Rechenzeiten aus und stellen daher zunehmend eine Alternative zu rechenintensiven numerischen Modellen dar. Wie der Name impliziert, müssen diese Algorithmen in der Regel angelernt werden, wofür das entwickelte Simulationsmodell genutzt werden kann. Für neue Geometrien oder Anpassungen in einer Geometrie muss die Simulation dann nicht erneut vollständig durchgeführt werden. Stattdessen können die Ergebnisse über ein ML-Modell auf Basis der Trainingsdaten vorhergesagt werden. Erste Untersuchungen zur Anwendbarkeit dieses Vorgehens für das LPA sind in [REN-20], [NES-22] veröffentlicht.

Schlussendlich sollte der nächste Schritt sein, die Ergebnisse dieser Arbeit in eine industrielle Softwareumgebung zu implementieren. Dies kann in Form einer alleinstehenden Applikation umgesetzt werden, die eine Optimierung der Prozessstrategie, wie hier vorgestellt, verknüpft mit dem SliceME-Tool, erlaubt. Daneben ist auch eine Implementierung in die am Markt verfügbaren CAD-CAM-Systeme mit einem DED-Modul möglich.

© Der/die Autor(en), exklusiv lizenziert an
Springer-Verlag GmbH, DE, ein Teil von Springer Nature 2023
M. Heilemann, *Temperaturadaptive Prozessauslegung für das
Laser-Pulver-Auftragschweißen*, Light Engineering für die
Praxis, https://doi.org/10.1007/978-3-662-68207-4_8

# Literaturverzeichnis

[AGG-03]      AGGARANGSI, P.; BEUTH, J. L.; GRIFFITH, M.: Melt Pool Size and Stress Control for Laser-Based Deposition Near a Free Edge. In: International Solid Freeform Fabrication Symposium, 2003.

[AHM-98]      AHMED, T.; RACK, H. J.: Phase transformations during cooling in α+β titanium alloys. In: Materials Science and Engineering: A 1-2, S. 206 ... 211, 1998.

[AHS-11C]     AHSAN, M. N.; PAUL, C. P.; KUKREJA, L. M.; PINKERTON, A. J.: Porous structures fabrication by continuous and pulsed laser metal deposition for biomedical applications; modelling and experimental investigation. In: Journal of Materials Processing Technology H. 4, S. 602 ... 609, 2011.

[AHS-11A]     AHSAN, M. N.; PINKERTON, A. J.: An analytical–numerical model of laser direct metal deposition track and microstructure formation. In: Modelling and Simulation in Materials Science and Engineering H. 5, 2011.

[AHS-11B]     AHSAN, M. N.; PINKERTON, A. J.; MOAT, R. J.; SHACKLETON, J.: A comparative study of laser direct metal deposition characteristics using gas and plasma-atomized Ti–6Al–4V powders. In: Materials Science and Engineering: A, 2011.

[ARC-00]      ARCELLA, F. G.; FROES, F. H.: Producing titanium aerospace components from powder using laser forming. In: JOM H. 5, S. 28 ... 30, 2000.

[ASTM-3413]   ASTM INTERNATIONAL: F3413 Guide for Additive Manufacturing - Design - Directed Energy Deposition, 2019.

[BAC-06]      BACH, F.-W.; LAARMANN, A.; WENZ, T.: Modern surface technology. Weinheim, Chichester: John Wiley distributor, 2006.

[BAR-21]      BARTSCH, K.; HERZOG, D.; BOSSEN, B.; EMMELMANN, C.: Material modeling of Ti–6Al–4V alloy processed by laser powder bed fusion for application in macro-scale process simulation. In: Materials Science and Engineering, 2021.

[BER-20]      BERGS, T.; KAMMANN, S.; FRAGA, G.; RIEPE, J.; ARNTZ, K.: Experimental investigations on the influence of temperature for Laser Metal Deposition with lateral Inconel 718 wire feeding. In: Procedia CIRP, S. 29 ... 34, 2020.

© Der/die Herausgeber bzw. der/die Autor(en), exklusiv lizenziert an Springer-Verlag GmbH, DE, ein Teil von Springer Nature 2023
M. Heilemann, *Temperaturadaptive Prozessauslegung für das Laser-Pulver-Auftragschweißen*, Light Engineering für die Praxis, https://doi.org/10.1007/978-3-662-68207-4

[BEY-98]      BEYER, E.; WISSENBACH, K.: Oberflächenbehandlung mit Laser-strahlung. Laser in Technik und Forschung. Berlin: Springer, 1998.

[BOD-01]      BODDU, M.; MUSTI, S.; LANDERS, R. G.; AGARWAI, S.; LIOU, F. W.: Empirical Modeling and Vision Based Control for Laser Aided Metal Deposition Process, 2001.

[BON-06]      BONTHA, S.; KLINGBEIL, N. W.; KOBRYN, P. A.; FRASER, H. L.: Thermal process maps for predicting solidification microstruc-ture in laser fabrication of thin-wall structures. In: Journal of Materials Processing Technology 1-3, S. 135 ... 142, 2006.

[BOY-94]      BOYER, RODNEY (HRSG.): Materials properties handbook: Tita-nium alloys. Materials Park, Ohio: ASM International, 1994.

[BRA-10]      BRANDL, E.: Microstructural and mechanical propoerties of ad-ditive manufactured titanium (Ti-6Al-4V) using wire. Disserta-tion. Cottbus, 2010.

[BRÜ-17]      BRÜCKNER, F.; LEPSKI, D.: Laser Cladding. In: The Theory of Laser Materials Processing. Springer Series in Materials Sci-ence, Bd. 119. Cham: Springer International Publishing, 2017.

[BRÜ-07]      BRÜCKNER, F.; LEPSKI, D.; BEYER, E.: Modeling the Influence of Process Parameters and Additional Heat Sources on Residual Stresses in Laser Cladding. In: Journal of Thermal Spray Tech-nology H. 3, S. 355 ... 373, 2007.

[BUH-18]      BUHR, M.; WEBER, J.; WENZL, J.-P.; MÖLLER, M.; EMMELMANN, C.: Influences of process conditions on stability of sensor con-trolled robot-based laser metal deposition. In: Procedia CIRP, S. 149 ... 153, 2018.

[BMBF-14]     BUNDESMINISTERIUM FÜR BILDUNG UND FORSCHUNG: Die neue Hightech-Strategie Innovationen für Deutschland; Internetdoku-ment    <https://web.archive.org/web/20140912041254/https://www.bmbf.de/pub_hts/HTS_Broschure_Web.pdf> zuletzt ge-prüft am 2022-12-20.

[BMBF-22]     BUNDESMINISTERIUM FÜR BILDUNG UND FORSCHUNG: Zukunfts-strategie Forschung und Innovation: Entwurf; Internetdokument <https://www.bmbf.de/SharedDocs/Downloads/de/2022/zu-kunftsstrategie-fui.pdf?__blob=publicationFile&v=2> zuletzt geprüft am 2022-12-20.

[CAI-19]     CAIAZZO, F.; ALFIERI, V.: Simulation of Laser-assisted Directed Energy Deposition of Aluminum Powder: Prediction of Geometry and Temperature Evolution. In: Materials (Basel, Switzerland) H. 13, 2019.

[CAR-10]     CARCEL, B.; SAMPEDRO, J.; PEREZ, I.; FERNANDEZ, E.; RAMOS, J. A.: Improved laser metal deposition (LMD) of nickel base superalloys by pyrometry process control, 2010.

[CHI-96]     CHIN, R. K.; BEUTH, J. L.; AMON, C. H.: Thermomechanical modeling of molten metal droplet solidification applied to layered manufacturing. In: Mechanics of Materials H. 4, S. 257 ... 271, 1996.

[CHI-17]     CHIUMENTI, M.; LIN, X.; CERVERA, M.; LEI, W.; ZHENG, Y.; HUANG, W.: Numerical simulation and experimental calibration of additive manufacturing by blown powder technology. Part I: thermal analysis. In: Rapid Prototyping Journal H. 2, S. 448 ... 463, 2017.

[COE-07]     COELLO COELLO, C. A.; LAMONT, G. B.; VAN VELDHUIZEN, D. A.: Evolutionary algorithms for solving multi-objective problems. Genetic and evolutionary computation series. 2. ed. New York, NY: Springer, 2007.

[COO-96]     COOPER, K. P.; SLEBODNICK, P.; THOMAS, E. D.: Seawater corrosion behavior of laser surface modified Inconel 625 alloy. In: Materials Science and Engineering, 1996.

[DAI-16]     DAI, J.; ZHU, J.; CHEN, C.; WENG, F.: High temperature oxidation behavior and research status of modifications on improving high temperature oxidation resistance of titanium alloys and titanium aluminides: A review. In: Journal of Alloys and Compounds, S. 784 ... 798, 2016.

[DAI-02]     DAI, K.; SHAW, L.: Distortion minimization of laser-processed components through control of laser scanning patterns. In: Rapid Prototyping Journal H. 5, S. 270 ... 276, 2002.

[DAV-14]     DAVIM, J. P.: Machining of Titanium Alloys. Berlin, Heidelberg: Springer Berlin Heidelberg, 2014.

[DEN-15]        DENLINGER, E. R.; HEIGEL, J. C.; MICHALERIS, P.; PALMER, T.
                A.: Effect of inter-layer dwell time on distortion and residual
                stress in additive manufacturing of titanium and nickel alloys.
                In: Journal of Materials Processing Technology, S. 123 ... 131,
                2015.

[DIL-06]        DILTHEY, U.: Schweißtechnische Fertigungsverfahrenn1. Stu-
                dium und Praxis. 3., bearb. Aufl., Berlin: Springer, 2006.

[DIN-8580]      DIN - DEUTSCHES INSTITUT FÜR NORMUNG E.V.: DIN 8580: Fer-
                tigungsverfahren - Begriffe, Einteilung, 2003.

[DIN-17296]     DIN - DEUTSCHES INSTITUT FÜR NORMUNG E.V.: DIN EN ISO
                17296-2: Additive Fertigung - Grundlagen - Teil 2: Überblick
                über Prozesskategorien und Ausgangswerkstoffe, 2016.

[DIN-52900]     DIN - DEUTSCHES INSTITUT FÜR NORMUNG E.V.: DIN EN
                ISO/ASTM 52900: Additive Fertigung - Grundlagen - Termino-
                logie, 2017.

[DIN-6507]      DIN - DEUTSCHES INSTITUT FÜR NORMUNG E.V.: DIN EN ISO
                6507-1: Metallische Werkstoffe - Härteprüfung nach Vickers -
                Teil 1: Prüfverfahren, 2018.

[DON-19]        DONADELLO, S.; MOTTA, M.; DEMIR, A. G.; PREVITALI, B.: Mon-
                itoring of laser metal deposition height by means of coaxial laser
                triangulation. In: Optics and Lasers in Engineering H. 6, S. 136
                ... 144, 2019.

[DUP-96]        DUPONT, J. N.: Solidification of an alloy 625 weld overlay. In:
                Metallurgical and Materials Transactions A H. 11, S. 3612 ...
                3620, 1996.

[EBE-19]        EBEL, T.: Metal injection molding (MIM) of titanium and tita-
                nium alloys. In: Handbook of Metal Injection Molding: Elsevier,
                2019.

[EIS-91]        EISELSTEIN, H. L. (HRSG.); TILLACK, D. J. (HRSG.): The Inven-
                tion and Definition of Alloy 625. Superalloys 718, 625 and Var-
                ious Derivatives, 1991.

[ERT-20]        ERTVELDT, J.; GUILLAUME, P.; HELSEN, J.: MiCLAD as a plat-
                form for real-time monitoring and machine learning in laser
                metal deposition. In: Procedia CIRP, S. 456 ... 461, 2020.

[EWA-20]        EWALD, A.: Hybrid Manufacturing for Design - Halbzeugopti-
                mierte, additiv-subtraktive Herstellung von Leichtbau-Struktur-
                bauteilen. Konstruktionsmethodik und Produktentwicklung. 1.
                Auflage. Göttingen: Sierke Verlag, 2020.

[FLO-94]        FLOREEN, S.; FUCHS, G. E.; YANG, W. J.: The Metallurgy of Al-
                loy 625, 1994.

[FOR-10]        FOROOZMEHR, E.; KOVACEVIC, R.: Effect of path planning on the
                laser powder deposition process: thermal and structural evalua-
                tion. In: The International Journal of Advanced Manufacturing
                Technology 5-8, S. 659 ... 669, 2010.

[GEB-07]        GEBHARDT, A.: Generative Fertigungsverfahren: Rapid proto-
                typing - rapid tooling - rapid manufacturing. 3. Aufl., München:
                Hanser, 2007.

[GHA-14]        GHARBI, M.; PEYRE, P.; ET AL.: Influence of various process con-
                ditions on surface finishes induced by the direct metal deposition
                laser technique on a Ti-6Al-4V alloy, 2014.

[GIB-10]        GIBSON, I.; ROSEN, D. W.; STUCKER, B.: Additive Manufacturing
                Technologies. Boston, MA: Springer US, 2010.

[GOL-84]        GOLDAK, J.; CHAKRAVARTI, A.; BIBBY, M.: A new finite element
                model for welding heat sources H. 2, S. 299 ... 305, 1984.

[GOO-17]        GOODARZI, D. M.; PEKKARINEN, J.; SALMINEN, A.: Analysis of
                laser cladding process parameter influence on the clad bead ge-
                ometry. In: Welding in the World H. 5, S. 883 ... 891, 2017.

[GOU-15]        GOUGE, M. F.; HEIGEL, J. C.; MICHALERIS, P.; PALMER, T. A.:
                Modeling forced convection in the thermal simulation of laser
                cladding processes. In: The International Journal of Advanced
                Manufacturing Technology 1-4, S. 307 ... 320, 2015.

[GRÜ-93]        GRÜNENWALD, B.; NOWOTNY, S.; HENNIG, W.; DAUSINGER, F.;
                HÜGEL, H.: New technological developments in laser cladding.
                In: International Congress on Applications of Lasers & Electro-
                Optics: Laser Institute of America, 1993.

[GUL-09]        GULERYUZ, H.; CIMENOGLU, H.: Oxidation of Ti–6Al–4V alloy.
                In: Journal of Alloys and Compounds 1-2, S. 241 ... 246, 2009.

[GUO-16]        GUO, ZHAO-QIN (HRSG.); BI, GUIJUN (HRSG.); WEI, JUN (HRSG.):
                Design of a novel control strategy for laser-aided additive man-
                ufacturing processes: IEEE, 2016.

[HAN-04]        HAN, L.; PHATAK, K. M.; LIOU, F. W.: Modeling of laser cladding with powder injection. In: Metallurgical Transactions B H. 6, S. 1139 ... 1150, 2004.

[HE-03]         HE, X.; DEBROY, T.; FUERSCHBACH, P. W.: Alloying element vaporization during laser spot welding of stainless steel, 2003.

[HEI-18]        HEIGEL, J. C.: Thermo-Mechanical Modeling of Thin Wall Builds using Powder Fed Directed Energy Deposition. In: Thermo-Mechanical Modeling of Additive Manufacturing: Elsevier, 2018.

[HEI-16]        HEIGEL, J. C.; GOUGE, M. F.; MICHALERIS, P.; PALMER, T. A.: Selection of powder or wire feedstock material for the laser cladding of Inconel® 625. In: Journal of Materials Processing Technology, S. 357 ... 365, 2016.

[HEI-14]        HEIGEL, J. C.; MICHALERIS, P.; REUTZEL, E. W.: Thermo-mechanical model development and validation of directed energy deposition additive manufacturing of Ti–6Al–4V. In: Additive Manufacturing, S. 9 ... 19, 2014.

[HEI-21]        HEILEMANN, M.; JOTHI PRAKASH, V.; BEULTING, L.; EMMELMANN, C.: Effect of heat accumulation on the single track formation during laser metal deposition and development of a framework for analyzing new process strategies. In: Journal of Laser Applications H. 1, 2021.

[HEI-17B]       HEILEMANN, M.; MÖLLER, M.; EMMELMANN, C.; BURKHARDT, I.; RIEKEHR, S.; VENTZKE, V.; KASHAEV, N.; ENZ, J.: Laser Metal Deposition of Ti-6Al-4V Structures: Analysis of the Build Height Dependent Microstructure and Mechanical Properties, S. 312 ... 320, 2017.

[HEI-17A]       HEILEMANN, M.; MÖLLER, M.; EMMELMANN, C.; BURKHARDT, I.; RIEKEHR, S.; VENTZKE, V.; KASHAEV, N.; ENZ, J.: Laser metal deposition of Ti-6Al-4V structures: new building strategy for a decreased shape deviation and its influence on the microstructure and mechanical properties, 2017.

[HIN-21]        HINTZE, W.; MÖLLER, C.; ROMANENKO, D.; JUNGHANS, S.: Adaptive Präzisionsbearbeitung additiv gefertigter Leichtbaustrukturen in der digitalisierten Prozesskette. In: Unter Span - Das Magazin des Manufacturing Innovations Network e.V., S. 42 ... 43, 2021.

[HÖG-18]    HÖGANÄS AB: AMPERWELD® Ni-SA 625 material data sheet, 2018.

[HÜG-14]    HÜGEL, H.; GRAF, T.: Laser in der Fertigung: Grundlagen der Strahlquellen, Systeme, Fertigungsverfahren. 3. Aufl.: Springer Fachmedien Wiesbaden, 2014.

[IBA-11]    IBARRA-MEDINA, J.; PINKERTON, A. J.: Numerical investigation of powder heating in coaxial laser metal deposition. In: Surface Engineering H. 10, S. 754 ... 761, 2011.

[JAM-12]    JAMBOR, T.: Funktionalisierung von Bauteiloberflächen durch Mikro-Laserauftragschweißen. Dissertation. Aachen, 2012.

[JAM-92]    JAMES, A. M.; LORD, M. P.: Macmillan's chemical and physical data. London: Macmillan, 1992.

[KAH-86]    KAHVECI, A. I.; WELSCH, G. E.: Effect of oxygen on the hardness and alpha/beta phase ratio of Ti-6Al-4V alloy. In: Scripta Metallurgica H. 9, S. 1287 ... 1290, 1986.

[KEL-06]    KELBASSA, I.: Qualifizieren des Laserstrahl-Auftragschweißens von BLISKs aus Nickel- und Titanbasislegierungen. Dissertation. Aachen, 2006.

[KLE-15]    KLEIN, B.: FEM: Grundlagen und Anwendungen der Finite-Element-Methode im Maschinen- und Fahrzeugbau. Wiesbaden: Springer Fachmedien Wiesbaden, 2015.

[KOB-00]    KOBRYN, P. A.; MOORE, E. H.; SEMIATIN, S. L.: The effect of laser power and traverse speed on microstructure, porosity, and build height in laser-deposited Ti-6Al-4V. In: Scripta Materialia H. 4, S. 299 ... 305, 2000.

[KOM-90]    KOMVOPOULOS, K.; NAGARATHNAM, K.: Processing and Characterization of Laser-Cladded Coating Materials. In: Journal of Engineering Materials and Technology H. 2, S. 131 ... 143, 1990.

[KOV-11]    KOVALEV, O. B.; ZAITSEV, A. V.; NOVICHENKO, D.; SMUROV, I.: Theoretical and Experimental Investigation of Gas Flows, Powder Transport and Heating in Coaxial Laser Direct Metal Deposition (DMD) Process. In: Journal of Thermal Spray Technology H. 3, S. 465 ... 478, 2011.

[KRE-95]    KREUTZ, E. W.; BACKES, G.; GASSER, A. W. K.: Rapid Prototyping with CO2 Laser Radiation. In: Applied Surface Science H. 86, S. 310 ... 316, 1995.

[KUM-14]        KUMMAILIL, J.: Process Models for Laser Engineered Net Shaping. Dissertation. Worcester, 2014.

[LEW-04]        LEWIS, R. W.; NITHIARASU, P.; SEETHARAMU, K.: Fundamentals of the Finite Element Method for Heat and Fluid Flow. New York, NY: John Wiley & Sons, 2004.

[LEY-03]        LEYENS, CHRISTOPH (HRSG.); PETERS, MANFRED (HRSG.): Titanium and titanium alloys: Fundamentals and applications. 1. ed., 2. reprint. Weinheim: Wiley-VCH, 2003.

[LI-20]         LI, G.; ZHANG, J.; SHI, T.; SHI, J.; CHENG, D.; LU, L.; SHI, S.: Experimental Investigation on Laser Metal Deposition of Ti-6Al-4V Alloy with Coaxial Local Shielding Gas Nozzle. In: Journal of Materials Engineering and Performance 1–4, 2020.

[LI-93]         LI, L.; STEEN, W. M.: Sensing, modelling and closed loop control of powder feeder for laser surface modification. In: International Congress on Applications of Lasers & Electro-Optics: Laser Institute of America, 1993.

[LID-04]        LIDE, D. R.: CRC handbook of chemistry and physics: A ready-reference book of chemical and physical data. 85. ed. Boca Raton: CRC Press, 2004.

[LID-03]        LIDE, DAVID R. (HRSG.): CRC handbook of chemistry and physics: A ready-reference book of chemical and physical data. 84. ed., Boca Raton: CRC Press, 2003.

[LIE-09]        LIE TANG, JIANZHONG RUAN, TODD SPARKS, ROBERT G. LANDERS, FRANK LIOU: Layer–to–Layer Height Control of Laser Metal Deposition Processes, 2009.

[LIU-18]        LIU, H.; QIN, X.; HUANG, S.; HU, Z.; NI, M.: Geometry modeling of single track cladding deposited by high power diode laser with rectangular beam spot. In: Optics and Lasers in Engineering, S. 38 ... 46, 2018.

[LÜT-98]        LÜTJERING, G.: Influence of processing on microstructure and mechanical properties of (α+β) titanium alloys. In: Materials Science and Engineering: A 1-2, S. 32 ... 45, 1998.

[LÜT-07]        LÜTJERING, G.; WILLIAMS, J. C.: Titanium. Engineering materials and processes. 2nd ed. // 2. Aufl., Berlin, New York: Springer; Springer-Verlag, 2007.

[MAD-14]     MADHUSUDANA, C. V.: Thermal Contact Conductance. Cham: Springer International Publishing, 2014.

[MAR-14]     MARTUKANITZ, R.; MICHALERIS, P.; PALMER, T.; DEBROY, T.; LIU, Z.-K.; OTIS, R.; HEO, T. W.; CHEN, L.-Q.: Toward an integrated computational system for describing the additive manufacturing process for metallic materials. In: Additive Manufacturing, S. 52 ... 63, 2014.

[MAT-08]     MATHEW, M. D.; PARAMESWARAN, P.; BHANU SANKARA RAO, K.: Microstructural changes in alloy 625 during high temperature creep. In: Materials Characterization H. 5, S. 508 ... 513, 2008.

[MAT-22]     MATOS, G. R.: Materials flow in the United States - A global context, 1900–2020. In: U.S. Geological Survey Data Report H. 1164, 2022.

[MCK-56]     MCKINLEY, T. D.: Effect of Impurities on the Hardness of Titanium. In: Journal of The Electrochemical Society H. 10, S. 561, 1956.

[MIN-06]     MINKOWYCZ, W. J. (HRSG.): Handbook of numerical heat transfer. 2. ed. Hoboken, N.J.: Wiley, 2006.

[MIR-18]     MIRKOOHI, E.; NING, J.; BOCCHINI, P.; FERGANI, O.; CHIANG, K.-N.; LIANG, S.: Thermal Modeling of Temperature Distribution in Metal Additive Manufacturing Considering Effects of Build Layers, Latent Heat, and Temperature-Sensitivity of Material Properties. In: Journal of Manufacturing and Materials Processing H. 3, S. 63, 2018.

[MÖL-21]     MÖLLER, M.: Prozessmanagement für das Laser-Pulver-Auftragschweißen. Dissertation. Berlin, Heidelberg: Springer Berlin Heidelberg, 2021.

[MÖL-16]     MÖLLER, M.; BARAMSKY, N.; EWALD, A.; EMMELMANN, C.; SCHLATTMANN, J.: Evolutionary-based Design and Control of Geometry Aims for AMD-manufacturing of Ti-6Al-4V Parts. In: Physics Procedia, S. 733 ... 742, 2016.

[MÖL-17]     MÖLLER, M.; EWALD, A.; WEBER, J.; HEILEMANN, M.; HERZOG, D.; EMMELMANN, C.: Characterization of the anisotropic properties for laser metal deposited Ti-6Al-4 V. In: Journal of Laser Applications H. 2, 2017.

[NES-22]    NESS, K. L.; PAUL, A.; SUN, L.; ZHANG, Z.: Towards a generic
            physics-based machine learning model for geometry invariant
            thermal history prediction in additive manufacturing. In: Journal
            of Materials Processing Technology, 2022.

[NIN-20]    NING, J.; SIEVERS, D. E.; GARMESTANI, H.; LIANG, S. Y.: Analyt-
            ical modeling of in-situ deformation of part and substrate in laser
            cladding additive manufacturing of Inconel 625. In: Journal of
            Manufacturing Processes, S. 135 ... 140, 2020.

[NUR-83]    NURMINEN, J. I.; SMITH, C. E.: Parametric Evaluations of La-
            ser/Clad Interactions for Hardfacing Applications. In: Lasers in
            Materials Processing, 1983.

[OCY-15]    OCYLOK, S.: Herstellung und Eigenschaften nanopartikulär ver-
            stärkter Beschichtungen durch Laserauftragschweißen zum Ver-
            schleißschutz von Schmiedegesenken. Dissertation. Ergebnisse
            aus der Lasertechnik. 1. Auflage. Aachen: Apprimus Verlag,
            2015.

[OCY-14]    OCYLOK, S.; ALEXEEV, E.; MANN, S.; WEISHEIT, A.; WISSEN-
            BACH, K.; KELBASSA, I.: Correlations of Melt Pool Geometry and
            Process Parameters During Laser Metal Deposition by Coaxial
            Process Monitoring. In: Physics Procedia, S. 228 ... 238, 2014.

[OER-15]    OERTEL, H.; BÖHLE, M.; REVIOL, T.: Strömungsmechanik: für In-
            genieure und Naturwissenschaftler. Wiesbaden: Springer Fach-
            medien Wiesbaden, 2015.

[OH-11]     OH, J.-M.; LEE, B.-G.; CHO, S.-W.; LEE, S.-W.; CHOI, G.-S.; LIM,
            J.-W.: Oxygen effects on the mechanical properties and lattice
            strain of Ti and Ti-6Al-4V. In: Metals and Materials Internatio-
            nal H. 5, S. 733 ... 736, 2011.

[OHN-08]    OHNESORGE, A.: Bestimmung des Aufmischungsgrades beim La-
            ser-Pulver-Auftragschweißen mittels laserinduzierter Plasmas-
            pektroskopie (LIPS). Dissertation. Dresden, 2008.

[OLL-92]    OLLIER, B.; PIRCH, N.; KREUTZ, E. W.; SCHLÜTER, H.; GASSER,
            A.: Cladding with laser radiation: properties and analysis, 1992.

[PAY-15]    PAYDAS, H.; MERTENS, A.; CARRUS, R.; LECOMTE-BECKERS, J.;
            TCHOUFANG TCHUINDJANG, J.: Laser cladding as repair technol-
            ogy for Ti-6Al-4V alloy: Influence of building strategy on mi-
            crostructure and hardness. In: Materials & Design, S. 497 ... 510,
            2015.

[PER-20]     PEREIRA, J. C.; BOROKOV, H.; ZUBIRI, F.; GUERRA, M. C.; CAMI-
             NOS, J.: Optimization of Thin Walls With Sharp Corners in
             SS316L and IN718 Alloys Manufactured with Laser Metal Dep-
             osition, 2020.

[PET-03]     PETERS, M.; KUMPFERT, J.; WARD, C. H.; LEYENS, C.: Titanium
             Alloys for Aerospace Applications. In: Advanced Engineering
             Materials H. 6, S. 419 ... 427, 2003.

[PET-94]     PETZOW, G.: Metallographisches, keramographisches, plastogra-
             phisches Ätzen. Materialkundlich-technische Reihe. 6., vollstän-
             dig überarbeitete Auflage. Berlin, Stuttgart: Borntraeger, 1994.

[PEY-08]     PEYRE, P.; AUBRY, P.; FABBRO, R.; NEVEU, R.; LONGUET, A.:
             Analytical and numerical modelling of the direct metal deposi-
             tion laser process. In: Journal of Physics D: Applied Physics H.
             2, 2008.

[PEY-17]     PEYRE, P.; DAL, M.; POUZET, S.; CASTELNAU, O.: Simplified nu-
             merical model for the laser metal deposition additive manufac-
             turing process. In: Journal of Laser Applications H. 2, 2017.

[PIC-94]     PICASSO, M.; RAPPAZ, M.: Laser-powder-material interactions
             in the laser cladding process. In: Le Journal de Physique IV,
             1994.

[POP-05]     POPRAWE, R.: Lasertechnik für die Fertigung: Grundlagen, Per-
             spektiven und Beispiele für den innovativen Ingenieur ; mit 26
             Tabellen. VDI-Buch. Berlin: Springer, 2005.

[PRA-18]     PRAKASH, V. J.; SURREY, P.; MÖLLER, M.; EMMELMANN, C.: In-
             fluence of adaptive slice thickness and retained heat effect on
             laser metal deposited thin-walled freeform structures. In: Proce-
             dia CIRP, S. 233 ... 237, 2018.

[QI-06]      QI, H.; MAZUMDER, J.; KI, H.: Numerical simulation of heat
             transfer and fluid flow in coaxial laser cladding process for direct
             metal deposition. In: Journal of Applied Physics H. 2, 2006.

[QIA-15]     QIAN, M.; FROES, F. H.: Titanium powder metallurgy: Science,
             Technology and Applications. First edition. Amsterdam, Boston:
             Elsevier, 2015.

[REN-20]     REN, K.; CHEW, Y.; ZHANG, Y. F.; FUH, J.; BI, G. J.: Thermal field
             prediction for laser scanning paths in laser aided additive manu-
             facturing by physics-based machine learning. In: Computer Me-
             thods in Applied Mechanics and Engineering, 2020.

[RIT-20]        RITTINGHAUS, S.: Laserauftragschweißen von γ-Titanaluminiden als Verfahren der additiven Fertigung. Dissertation. Aachen, 2020.

[ROM-22]        ROMANENKO, D.; PRAKASH, V. J.; KUHN, T.; MOELLER, C.; HINTZE, W.; EMMELMANN, C.: Effect of DED process parameters on distortion and residual stress state of additively manufactured Ti-6Al-4V components during machining. In: Procedia CIRP, S. 271 … 276, 2022.

[RÖS-14]        RÖSSLER, A.: Design of Experiments for Coatings. European Coatings LIBRARY. Hannover: Vincentz Network, 2014.

[SAA-77]        SAAD, N. R.; DOUGLAS, W. J. M.; MUJUMDAR, A. S.: Prediction of Heat Transfer under an Axisymmetric Laminar Impinging Jet. In: Industrial & Engineering Chemistry Fundamentals H. 1, S. 148 … 154, 1977.

[SAL-06]        SALEHI, D.; BRANDT, M.: Melt pool temperature control using LabVIEW in Nd:YAG laser blown powder cladding process. In: The International Journal of Advanced Manufacturing Technology 3-4, S. 273 … 278, 2006.

[SAN-11]        SANTHANAKRISHNAN, S.; KONG, F.; KOVACEVIC, R.: An experimentally based thermo-kinetic hardening model for high power direct diode laser cladding. In: Journal of Materials Processing Technology H. 7, S. 1247 … 1259, 2011.

[SCH-98]        SCHNEIDER, M.: Laser cladding with powder : effect of some machining parameters on clad properties. Dissertation. Enschede, 1998.

[SCH-19]        SCHOPPHOVEN, T.: Experimentelle und modelltheoretische Untersuchungen zum Extremen Hochgeschwindigkeits-Laserauftragschweißen. Dissertation. Aachen, 2019.

[SCH-19]        SCHULER, V.: Praxiswissen Schweißtechnik: Werkstoffe, Prozesse, Fertigung. 6th ed. Wiesbaden: Vieweg, 2019.

[SEY-18]        SEYDA, V.: Werkstoff- und Prozessverhalten von Metallpulvern in der laseradditiven Fertigung. Berlin, Heidelberg: Springer Berlin Heidelberg, 2018.

[SHA-10]        SHAH, K.; PINKERTON, A. J.; SALMAN, A.; LI, L.: Effects of Melt Pool Variables and Process Parameters in Laser Direct Metal Deposition of Aerospace Alloys. In: Materials and Manufacturing Processes H. 12, S. 1372 … 1380, 2010.

[SHA-15]     SHAMSAEI, N.; YADOLLAHI, A.; BIAN, L.; THOMPSON, S. M.: An overview of Direct Laser Deposition for additive manufacturing; Part II: Mechanical behavior, process parameter optimization and control. In: Additive Manufacturing, S. 12 ... 35, 2015.

[SHE-94]     SHEN, JIALIN (HRSG.): Optimierung von Verfahren der Laser-oberflächenbehandlung bei gleichzeitiger Pulverzufuhr. Zugl.: Stuttgart, Univ., Diss., 1994. Laser in der Materialbearbeitung. Stuttgart: Teubner, 1994.

[SLO-14]     SLOTWINSKI, J. A.; GARBOCZI, E. J.; STUTZMAN, P. E.; FERRARIS, C. F.; WATSON, S. S.; PELTZ, M. A.: Characterization of Metal Powders Used for Additive Manufacturing. In: Journal of research of the National Institute of Standards and Technology, S. 460 ... 493, 2014.

[SON-11]     SONG, L.; MAZUMDER, J.: Feedback Control of Melt Pool Temperature During Laser Cladding Process. In: IEEE Transactions on Control Systems Technology H. 6, S. 1349 ... 1356, 2011.

[SPE-13]     SPECIAL METALS CORP.: INCONEL® alloy 625 material data sheet. Measurements made at Battelle Memorial Institute, 2013.

[STE-10]     STEEN, W. M.; MAZUMDER, J.: Laser Material Processing. London: Springer London, 2010.

[SUÁ-11]     SUÁREZ, A.; TOBAR, M. J.; YÁÑEZ, A.; PÉREZ, I.; SAMPEDRO, J.; AMIGÓ, V.; CANDEL, J. J.: Modeling of phase transformations of Ti6Al4 V during laser metal deposition. In: Physics Procedia, S. 666 ... 673, 2011.

[SUN-99]     SUNDARARAMAN, M.; KUMAR, L.; PRASAD, G. E.; MUKHOPADH-YAY, P.; BANERJEE, S.: Precipitation of an intermetallic phase with Pt2Mo-type structure in alloy 625. In: Metallurgical and Materials Transactions A H. 1, S. 41 ... 52, 1999.

[TAN-10]     TANG, L.; LANDERS, R. G.: Melt Pool Temperature Control for Laser Metal Deposition Processes—Part II: Layer-to-Layer Temperature Control. In: Journal of Manufacturing Science and Engineering H. 1, 2010.

[TEK-18]     TEKNA ADVANCED MATERIALS INC.: TEKMAT™ Ti64-105/45-G5 material data sheet, 2018.

[THO-94]     THOMAS, C.; TAIT, P.: The performance of Alloy 625 in long-term intermediate temperature applications. In: International Journal of Pressure Vessels and Piping, S. 41 ... 49, 1994.

[TOY-03]        TOYSERKANI, E.: Modeling and Control of Laser Cladding by Powder Injection. Dissertation. Bosa Roca, 2003.

[TUO-12]        TUOMINEN, J.; NÄKKI, J.; PAJUKOSKI, H.; PELTOLA, T.; VUORISTO, P.: Recent developments in high power laser cladding techniques. In: International Congress on Applications of Lasers & Electro-Optics: Laser Institute of America, 2012.

[TYR-20]        TYRALLA, D.; KÖHLER, H.; SEEFELD, T.; THOMY, C.; NARITA, R.: A multi-parameter control of track geometry and melt pool size for laser metal deposition. In: Procedia CIRP, S. 430 ... 435, 2020.

[USGS-22]       U.S. GEOLOGICAL SURVEY: Mineral commodity summaries 2022.

[VDI-13]        VDI - VEREIN DEUTSCHER INGENIEURE E.V.: VDI-Wärmeatlas, 2013.

[WAN-11]        WANG, L.; NG, A. H. C.; DEB, K.: Multi-objective Evolutionary Optimisation for Product Design and Manufacturing. London: Springer London, 2011.

[WEA-88]        WEAST, R. C.: CRC handbook of chemistry and physics: A ready-reference book of chemical and physical data. 69. ed. Boca Raton, Fla.: CRC Press, 1988.

[WEI-15]        WEICKER, K.: Evolutionäre Algorithmen. Lehrbuch. 3., überarbeitete und erweiterte Auflage. Wiesbaden: Springer Vieweg, 2015.

[WEN-10]        WEN, S.; SHIN, Y. C.: Modeling of transport phenomena during the coaxial laser direct deposition process. In: Journal of Applied Physics H. 108, 2010.

[WIT-14]        WITZEL, J. M. F.: Qualifizierung des Laserstrahl-Auftragschweißens zur generativen Fertigung von Luftfahrtkomponenten. Dissertation. Aachen, 2014.

[WU-18]         WU, B.; PAN, Z.; DING, D.; CUIURI, D.; LI, H.: Effects of heat accumulation on microstructure and mechanical properties of Ti6Al4V alloy deposited by wire arc additive manufacturing. In: Additive Manufacturing, S. 151 ... 160, 2018.

[YOV-03]        YOVANOVICH, M. M.; MAROTTA, E. E.: Thermal Spreading and Contact Resistances. In: Heat transfer handbook. New York: J. Wiley, 2003.

[YU-11]        YU, J.; LIN, X.; MA, L.; WANG, J.; FU, X.; CHEN, J.; HUANG, W.:
               Influence of laser deposition patterns on part distortion, interior
               quality and mechanical properties by laser solid forming (LSF).
               In: Materials Science and Engineering: A H. 3, S. 1094 ... 1104,
               2011.

[YU-12]        YU, J.; ROMBOUTS, M.; MAES, G.; MOTMANS, F.: Material Prop-
               erties of Ti6Al4V Parts Produced by Laser Metal Deposition. In:
               Physics Procedia, S. 416 ... 424, 2012.

[ZHA-21]       ZHANG, M.; GUO, Y.; GUO, Z.; ZHANG, L.; WANG, G.; LI, B.: Mi-
               crostructure Evolution Simulation of Laser Cladding Process
               Based on CA-FD Model. In: Crystal Research and Technology
               H. 10, 2021.

[ZHA-19]       ZHANG, Z.; HUANG, Y.; RANI KASINATHAN, A.; IMANI SHAHA-
               BAD, S.; ALI, U.; MAHMOODKHANI, Y.; TOYSERKANI, E.: 3-Di-
               mensional heat transfer modeling for laser powder-bed fusion
               additive manufacturing with volumetric heat sources based on
               varied thermal conductivity and absorptivity. In: Optics & Laser
               Technology, S. 297 ... 312, 2019.

[ZHO-19]       ZHONG, C.: Prozessführung, Mikrogefüge und mechanische Ei-
               genschaften beim Laserauftragschweißen von Inconel 718 mit
               hohen Auftragsraten. Dissertation. Aachen, 2019.

Printed in the United States
by Baker & Taylor Publisher Services